做游戏，玩编程

零基础开发微软 Arcade 掌机游戏

柴火创客教育　冯磊　著

清華大学出版社

北 京

内 容 简 介

通过创作游戏来学编程是当下的趋势，然而已有图书往往基于编程知识来组织内容，导致所做的游戏吸引力不够，无法很好地调动孩子的学习积极性和主动性。本书内容围绕如何进行游戏创作来展开，并将编程知识贯穿于游戏功能的实现中。

本书包括两篇：灰袍魔法师进修篇（第 01～05 章）介绍游戏创作的"基本功"，比如如何创建、控制角色，如何实现游戏中的"食物"与"敌人"，如何设置得分、倒计时，如何发射子弹，如何快速创建能玩的游戏原型，等等；白袍魔法师进修篇（第 06～10 章）则带读者学习构建较复杂的游戏，比如如何在游戏中添加动画，如何实现"多人游戏"，如何编辑地图，如何制作多地图关卡，等等。随着游戏创作知识的展开，读者将学到变量、语句、循环、嵌套循环、函数、数组等编程的核心概念，以及编程的设计思维和方法。

本书基于微软的图形化编程开源平台 MakeCode Arcade，通过浏览器即可访问，还能方便地与他人分享作品。本书可以作为游戏创作或者编程学习的入门书，也适合作为培训机构、家庭编程教育的教材。

图书在版编目(CIP)数据

做游戏，玩编程：零基础开发微软 Arcade 掌机游戏 / 柴火创客教育，冯磊著 . —北京：清华大学出版社，2021.2（2022.9 重印）

ISBN 978-7-302-57297-8

Ⅰ.①做… Ⅱ.①柴… ②冯… Ⅲ.①游戏程序—程序设计 Ⅳ.① TP317.6

中国版本图书馆 CIP 数据核字 (2021) 第 005970 号

责任编辑：王中英
封面设计：孟依卉
责任校对：胡伟民
责任印制：杨 艳

出版发行：清华大学出版社
   网 址：http://www.tup.com.cn，http://www.wqbook.com
   地 址：北京清华大学学研大厦 A 座   邮 编：100084
   社 总 机：010-83470000   邮 购：010-62786544
   投稿与读者服务：010-62776969，c-service@tup.tsinghua.edu.cn
   质 量 反 馈：010-62772015，zhiliang@tup.tsinghua.edu.cn

印 装 者：三河市龙大印装有限公司
经 销：全国新华书店
开 本：180mm×210mm   印 张：14.5   字 数：470 千字
版 次：2021 年 2 月第 1 版   印 次：2022 年 9 月第 2 次印刷
定 价：89.00 元

产品编号：089681-01

献给"小胖"同学，

很高兴在你的童年里，

能和你一起度过那些美好的游戏时光。

致读者

如果你热爱游戏，但不懂编程，却又充满想自己创作游戏的冲动；

如果你有个满脑子奇思异想、玩起游戏就忘记时间的娃儿；

如果你是学校或培训机构的老师，在找一个真正让孩子们爱不释手的编程课；

那么这本书可能正是你要找的——

■ 本书围绕如何创作游戏来展开内容，带读者学习控制游戏角色的行走、放置怪物、发射子弹、制作像模像样的地图与关卡……从制作简单小游戏，到迭代出有相当规模的复杂作品。

■ 要知道，爱玩游戏的孩子中大部分都对游戏设计有自己的想法，也有实现自己想法的欲望。通过这本书，能够有效地把孩子从玩游戏引导到创作游戏上，何乐而不为呢？

■ 随着游戏创作知识的展开，书中还会介绍变量、语句、循环、嵌套循环、函数、数组等编程的核心概念，这些概念是实现更高级游戏功能的基础，孩子们会为自己的游戏创作而主动、高效地学习。游戏设计本身还蕴含着编程的思维和方法。

■ 除了介绍游戏创作的知识和技巧，本书还将讲述作为一个独立游戏创作者应该具备的最重要的能力——快速搭建原型、通过对原型的迭代让自己的游戏作品越来越好玩的能力。

准备好一台能上网的电脑，在本书的指导下，即使你的编程基础是零，也可以通过拖曳式的图形化编程，实现自己的游戏。然后你可以在在线掌机模拟器中试玩，也可以将完成的作品下载到支持 Arcade（微软的开源图形化编程平台）的开源掌机设备上开玩，本书中用到的掌机设备是 GameGo。

本书的目标是，让那些没有编程经验的读者，能尽快地享受游戏创作的乐趣。尤其是当你拿着装有自编游戏的掌机给小伙伴体验和试玩，看到自己的作品给他们带来欣喜、紧张，甚至"被虐感"的时候，那是创作者才能享有的独特感受。

冯磊

推荐序一

MakeCode Arcade 很高兴能与柴火创客教育及清华大学出版社合作打造《做游戏，玩编程——零基础开发微软 Arcade 掌机游戏》一书。

读者学习书本中涵盖的内容后，能够快速且轻松地制作出自己的 Arcade 游戏，下载到 GameGo 上来玩，并且和朋友一同分享。

在 21 世纪，计算机和互联网已经是每个人日常生活的一部分，因此学习编程对所有孩子来说都很重要。有了 MakeCode Arcade 和柴火创客教育的 GameGo，学编程会无比有趣！学生能够制作出自己设想的游戏角色、场景，并为游戏角色编写不同的行为和互动形式。

让我们快乐做游戏，尽情玩编程吧！

Jacqueline Russell
微软 MakeCode 项目经理

推荐序二

后工业时代的科技教育

传统的普鲁士风格的教育将人才强行分科分类，为工业化量产提供劳动力基础。随着全球工业化的推进，对蓝领的需求逐步迁移到新兴工业国家，并且不断被自动化设备替代。

到信息时代之后，稀缺性的价值通过互联网和新媒体的传播反而能创造更高的附加价值。跨界的具有创新意识的人，比只有单一技能、因循守旧的人更有优势参与社会分工。因此传统标准化的教育无法适应多样化需求与技术迭代，需要有足够的科技创新素养、包容性的教育体系。

年轻的人群已经习惯像 Minecraft、Second Life 那样的创造性游戏，他们对于开放性的世界极度拥护，习惯为自己提出问题并找到解决方案。他们是互联网的原住民，早已习惯跨越物理距离，与最新的文化和科技趋势产生直接或者间接的联系，并带着使命感尝试建立协作。

面对新一代的创新者，我们该如何引导和支持

他们是互联网的原住民，拥有超强的信息获取能力。

他们天生懂得协作和包容，通过各种社群和弹幕畅快地表达与沟通。

他们不再是纯粹的信息消费者，厌倦自上而下的教条。

他们想做自己世界的主导者，由此而得的成就感可能是未来成功者最重要的驱动力。

为了这个成就感，年轻的人们可以探索，可以建设，可以协作，可以竞争，可以习得知识并不断实践。

多年服务全球创客的经验，让我们对这样的年轻人并不陌生。我们一直在努力寻找一种容易的方式，让更多的年轻人能够平等地获得这样的机会。我们希望给年轻的一代提供一系列开放的工具，从最难抗拒的游戏设备开始，和全世界的年轻人一起交流游戏作品，并自己尝试模拟这个世界，向身边的人展示自己的努力成果。

GameGo 和这本书，正是我们所做的努力中的一部分。

潘昊

矽递科技 & 柴火创客空间创始人

作者序

2020 年年初，柴火创客教育研发了兼容微软 MakeCode Arcade 平台（简称 Arcade，是微软的开源游戏掌机编程平台）的 GameGo，产品经理胡章焱给我一个工程版的样机，并向我简单介绍了这个平台，让我为 GameGo 撰写课程。

在开始之前，我先对 Arcade 做了一番研究，发现官方提供的英文教程是按传统编程教育的思路展开的。但 Arcade 是为掌机游戏而生的，它的核心价值是鼓励用户在这个平台上进行游戏创作。因为自己有几年游戏产品研发的经历，所以从游戏制作人的角度来看，这些教程的表达方式显然并不适合游戏爱好者。对于那些想自己尝试游戏创作的人来说，他们所关心的问题并不是那些编程语句，而是如何控制角色行走，如何放置怪物，如何设计游戏地图，如何发射子弹，等等。

然后，我又把目光转向和游戏开发相关的教程和图书，发现它们基本上都集中在专业领域。我还了解了很多图形化编程教育的平台，它们虽然也提供了游戏化的课程，但课程围绕的还是编程，而不是教你怎么做出自己喜欢的游戏。

了解完这些以后，我又重新审视了 Arcade 和 GameGo，感觉这个组合非常适合掌机游戏爱好者进行游戏创作入门。软件 Arcade 和硬件 GameGo 都足够简单：Arcade 可以直接在浏览器中打开，无须面对复杂的编程环境问题，编程的方式也是适合初学者的图形化编程；GameGo 就是一个掌上游戏机，编好程序后，只要把程序下载到掌机中，就可以马上开玩。这难道不是少年的我在玩过很多游戏后，想尝试自己创作游戏时梦寐以求的东西吗（即使你没有 GameGo，也完全可以直接在 Arcade 的在线掌机模拟器中玩自己创作的游戏）？

既然没有适合掌机游戏初学者的教程，那就自己写一套吧。我以一个游戏创作者需要学习和关心的问题为主线，结合循序渐进的编程知识，开始了 GameGo 课程的编写。整个课程编写的过程是令人愉悦的，因为都是我熟悉和擅长的领域。在课程编写的过程中，我尝试向身边的孩子们介绍 Arcade 以及如何使用它做游戏，发现孩子们根本停不下来，你只需稍稍提示他们工具怎么使用，他们就会像搭乐高积木一样，开始摆弄自己的小游戏。

完成课程的撰写后，我感觉内容可以编写成书，呈现给更多感兴趣的读者。于是写了图书策划案，满世界地寻找愿意合作的出版社。在经历了"九九八十一难"之后，终于有了读者朋友们现在看到的这本书。

本书的主要内容分为"灰袍魔法师进修篇"和"白袍魔法师进修篇"两篇（借鉴自《指环王》的魔法师等级）。

"灰袍魔法师进修篇"共 5 章 16 关，着重讲解构建游戏的基本技能，比如如何创建精灵角色，如何控制角色行走，如何理解坐标，如何设置"随机"，如何发子弹等。最重要的是，还介绍了初学者如何快速做出游戏原型、并进行迭代的方法，帮助读者了解和实践游戏创作的基本过程。

"白袍魔法师进修篇"共 5 章 13 关，着重介绍构建游戏的高级技能，比如动画、逻辑判断、地图、关卡设计等。有了这部分知识，读者就基本具备了构建相对复杂的掌机游戏的能力。

因为游戏的门类很多，而本书篇幅有限，所以 27 关安排了"优秀 Arcade 游戏作品介绍"，读者可以在此了解各种门类的游戏作品和示例程序，通过学习和借鉴别人怎么做来进一步了解游戏制作的方法和技巧。

为了方便读者体验和获取示例程序，本书为所有的示例程序都提供了二维码，这利用了微软 Arcade 平台的分享功能。用手机扫描书中示例程序部分的二维码，就可以在手机上通过模拟器体验游戏和查看程序。

在阅读过程中，读者还能发现一些经典游戏和知识点的介绍，旨在帮助读者更好地理解游戏制作的概念、原理、玩法等。

所有努力，只为给想尝试游戏制作的爱好者一块敲门砖，让读者借助此书，叩开自己制作游戏的大门，去体验自己创作游戏的乐趣。

致谢

在此向清华大学出版社的王中英老师及其团队表示感谢，是你们给予了将一个想法变成一本正式图书的机会，尤其是在王中英老师的悉心"调教"下，全书得以成型并变得规范起来。

感谢柴火创客教育的产品经理胡章焱，他把我带入了 Arcade 的世界；感谢设计师孟依卉，她让一本略沉闷的讲编程的书变得像游戏书一样有趣；感谢动画设计师王群，他的灵性给本书带来了精彩的游戏关卡地图式目录和图书上切口的序列帧动画彩蛋；感谢市场部的赵璐，在她的不懈努力下，GameGo 的产品和本书获得了微软的大力支持；还要特别感谢柴火创客教育的 CEO 廖巍先生，在他的信任和支持下，我才能全身心投入到本书的创作中。能和你们一起参与这个产品、课程和图书的创作过程，是我的荣幸。

在此书的编辑过程中，我临时起意，考虑在全书内容即将结束时，找一些游戏行业的专业人士，给有意进一步学习游戏创作的读者一些真诚的指导和建议，于是便有了本书最后的 29 关"接下来学什么"。在此衷心向给本书提供支持的游戏人表示感谢，你们的积极肯定和回应，让我觉得无比温暖与幸福。

感谢微软的 Jacqueline Russell、Michal Moskal 以及 Arcade 团队的其他成员。感谢你们免费给游戏制作爱好者提供 Arcade 这样简单好用的开源平台，以及对我们在研发 GameGo 硬件、撰写 Arcade 课程和此书时遇到的各种问题所给予的无私帮助和支持。

感谢所有参与推广 GameGo 和此书的合作伙伴，你们的努力给更多读者和用户带来了自己创作游戏、学习编程的可能。

也感谢你，购买此书的读者——你们的支持，给了我们继续前行的勇气。

是你们和我一起，去帮助那些曾经和我一样有游戏创作梦想，但还站在编程大门之外的人们。

冯磊

2020 年于深圳

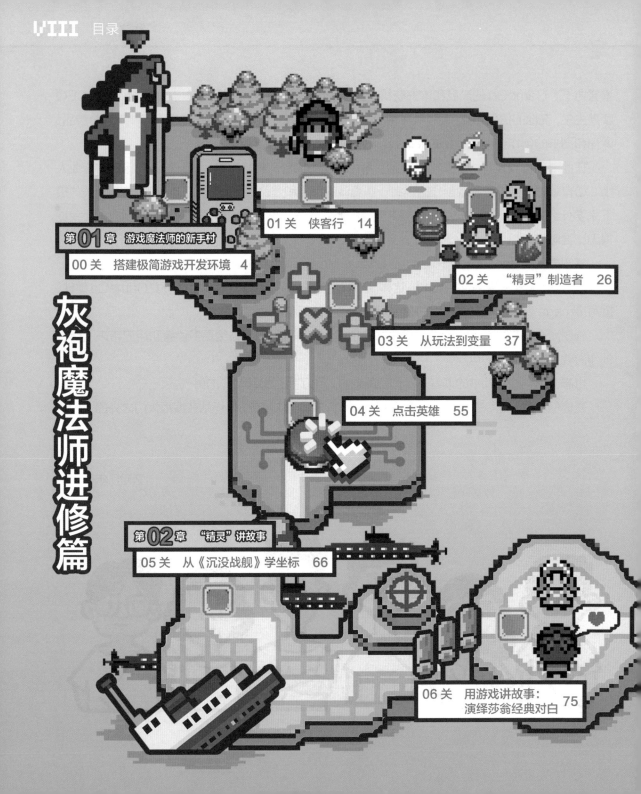

灰袍魔法师进修篇

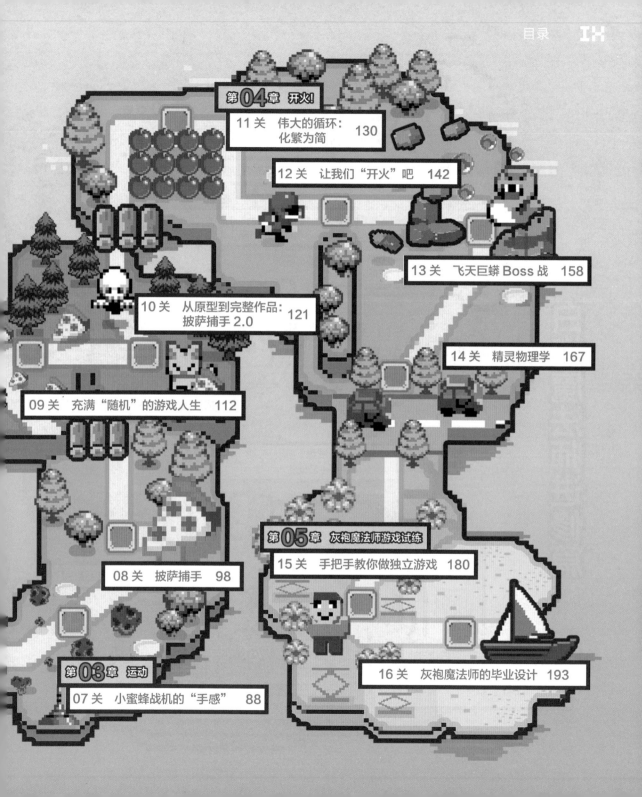

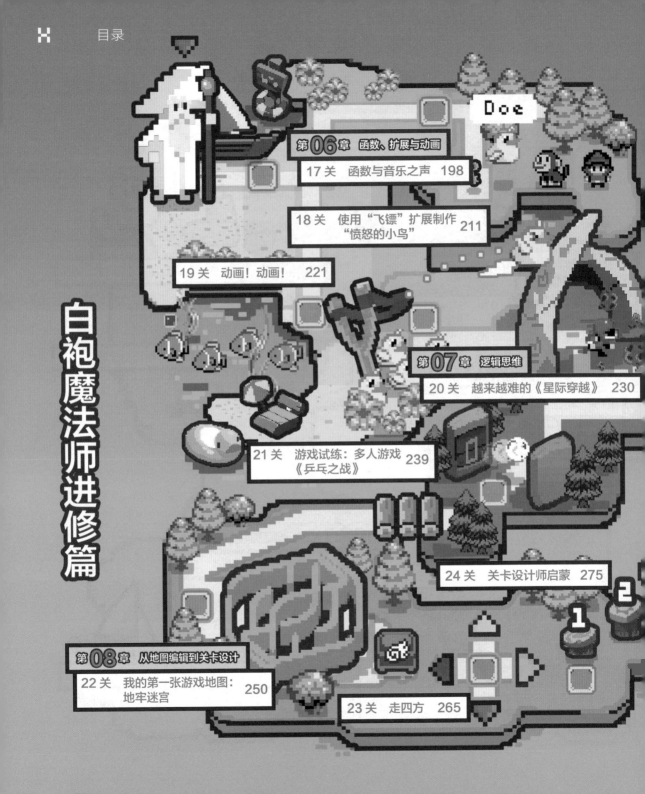

Doe

白袍魔法师进修篇

灰袍魔法师进修篇

第 01 章　游戏魔法师的新手村

00 关　搭建极简游戏开发环境

　　对于专业游戏开发者来说，搭建游戏开发环境是一件极其复杂的事情，这也是很多游戏制作爱好者望而却步的原因之一。现在借助微软的 MakeCode Arcade ，只需要一台能上网的电脑和一个 GameGo，就可以立即开始制作自己的掌机游戏了。

知识点

游戏开发环境

　　制作游戏的时候，需要用到的软件、硬件和操作系统平台被称为游戏开发环境。进行专业游戏开发时，通常还要为不同平台的游戏选择特定的游戏开发引擎（一套复杂的软件），以提高开发效率，例如 Unity3D、虚幻引擎等。但这些专业的游戏开发环境和引擎入门门槛很高，让很多想创作游戏的初学者望而却步。

基于 Arcade 的极简游戏开发环境

　　基于微软推出的开源平台 MakeCode Arcade（简称 Arcade），想做游戏的初学者只需要通过极其简单的方式，就可以立刻开始游戏创作。需要做的准备如下。

　　想做游戏的初学者不需要安装复杂的环境，通过微软的开源平台 Arcade，就可以立刻开始游戏创作，具体环节如下图所示。

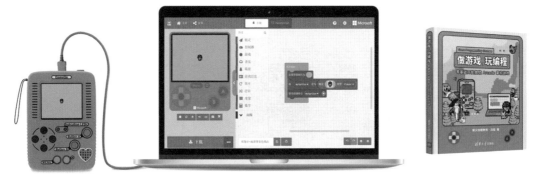

4. 在掌机上开玩 ◀┄ 3. 在模拟器上体验 ◀┄ 2. 图形化编程 ◀┄┄┄ 1. 看书

1/4　看书

　　《做游戏，玩编程——零基础开发微软 Arcade 掌机游戏》面向的是无编程经验的读者，讲解循序渐进，由易到难。只要按照示例任务的指导操作，最终你也会做出多关卡带地图的复杂游戏。

2/4　图形化编程

　　MakeCode 是微软提供的一个免费开源平台，它为 Minecraft、micro:bit、乐高 EV3 等教育硬件产品都提供了基于图形化编程的编辑器和文本编辑器，其中针对开源街机游戏提供的编程环境被称为 Arcade。如下图所示，进入微软 MakeCode 首页，就能看见 Arcade 的入口，单击即可访问 Arcade 首页。

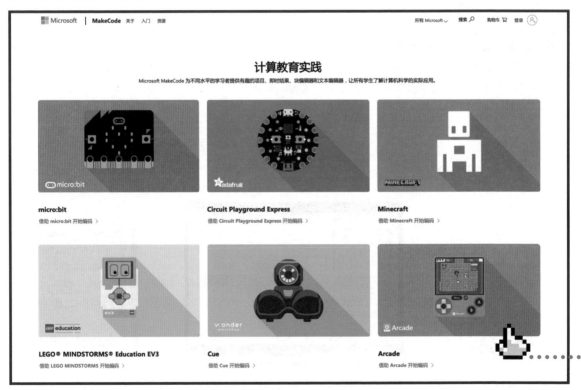

通过网址在线访问Arcade

　　如右图所示，只需在浏览器地址栏输入 https://arcade. makecode.com/，就可以进入 Arcade 首页。

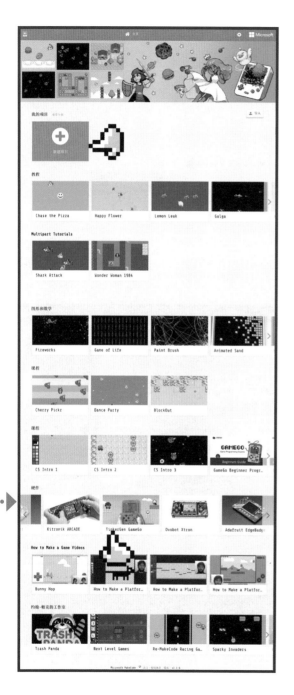

Arcade 主页如左图所示，这里提供了丰富的示例游戏程序和教程。在"硬件"栏目下，可以看到和 Arcade 兼容的硬件列表，在这里可以找到本书使用的硬件 TinkerGen GameGo(简称 GameGo)。

Arcade 图形化编程界面

编写代码时，首先单击 Arcade 首页的"新建项目"按钮，进入图形化编程界面 (参见 01 关的任务 1 中对编程界面的介绍)；然后通过将彩色的程序块拖放到编程区，就可以构建自己的程序了，如下图所示。

💀 注　意

除了块编辑器 (图形化编程模式)，Arcade 现在也提供 JavaScript 和 Python 编辑器，本书主要介绍块编辑器。

除了自己创建，也可以打开和改写已有的示例游戏代码。

3/4 在模拟器上体验

Arcade 的交互式模拟器为读者提供了针对其程序运行状况的即时反馈，使程序测试和调试变得简单易行。下面将通过一个示例游戏 Falling Duck，来讲解如何使用模拟器。

用Arcade打开一个游戏

打开 Arcade 官网后，向下拉，找到"积木块类游戏"，单击看到的第一个游戏，不出意外的话应该是 Falling Duck，如下图所示，然后单击"打开示例"按钮。

开始玩吧

打开后进入编程环境，在左边的模拟器上，用鼠标单击 A 按键[①]、B 按键[①]或方向按键[①]，就可以开始玩了，如下图所示。

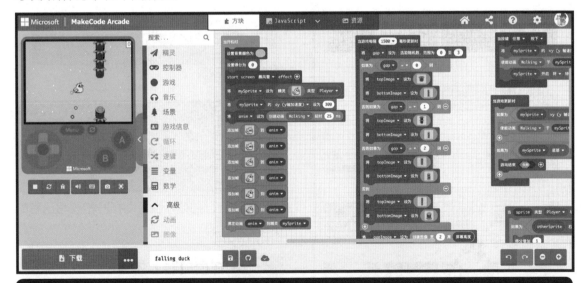

> 🕹 **注意**
>
> Arcade 作为在线编程工具，可能随时会更新版本，导致实际界面效果和本书显示的不同，请读者不要诧异。本书使用的版本为：Arcade 1.8.30，Microsoft MakeCode 7.4.31。

---

① 为保持与相关程序块中的叫法一致，本书把模拟器中的控制按钮统一称为"按键"，对按键的操作称为"点击"或"按"。

Arcade模拟器上手指南

因为 Arcade 专门为开源的游戏掌机硬件而设计，所以在左侧栏可以看到如左图所示的模拟器。

现在有两种试玩方式：

- 点击模拟器上的 A 按键试玩。
- 用电脑键盘对应的按键试玩。

下图是对应的键盘按键示意图，可以随时单击模拟器下方的查看模拟器键盘快捷键按钮（即左图中小手所指向的按钮）来获得提示。

提示框里有"玩家 2"相关的按键，意味着游戏可以支持 2 个玩家，本书 21 关讲述如何创建多人游戏。

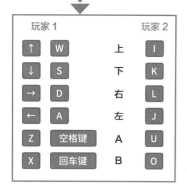

🌀 小技巧

玩 Falling Duck 只需要一个按键，用来保持鸭子不掉落。体验游戏时，你会发现按模拟器的向上键、A 键、B 键，甚至键盘的空格键、Enter 键等很多按键都可以控制鸭子，这样可以适应更多用户的操作习惯。高阶游戏魔法师都会尽量让自己的游戏有更好的"易用性"，即让游戏的操作适应尽可能多的玩家的操作习惯，这也是我们以后需要注意和学习的地方。

GameGo 可编程游戏掌机

4/4 在掌机上开玩

本书中所有示例都是在微软的 MakeCode Arcade 平台上编写的,编好后不仅可以在模拟器上体验,还可以下载到柴火创客教育设计制造的可编程游戏掌机 GameGo(如右图所示)上来玩。将一个个自己编写的游戏下载到 GameGo 上,打造属于你自己的复古游戏机吧!在创作游戏的同时,你也可以系统地学习编程知识。

要了解更多关于 GameGo 的内容,请访问"柴火创客教育"官网,在首页上找到 GameGo 图标,并单击"了解更多"按钮来了解。GameGo 的产品功能如下图所示。

GameGo 正面

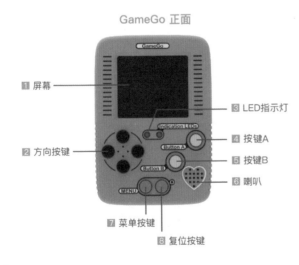

1 屏幕

3 LED指示灯

2 方向按键

4 按键A

5 按键B

6 喇叭

7 菜单按键

8 复位按键

GameGo 顶面

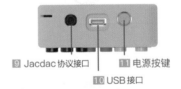

9 Jacdac 协议接口

11 电源按键

10 USB 接口

> **注意**
>
> 本书介绍的 Arcade 的示例或游戏,都已在 Arcade 模拟器和 GameGo 上进行过测试。这些示例理论上也可以在任何 Arcade 兼容设备上运行,但因为硬件性能差异,需要自行测试。

知识点

JacDac 协议接口是一种游戏机的联机协议接口,样子和 3.5mm 的音频接口一样,可供两台 GameGo 互联使用(需要游戏程序支持)。

如何将GameGo连接到电脑

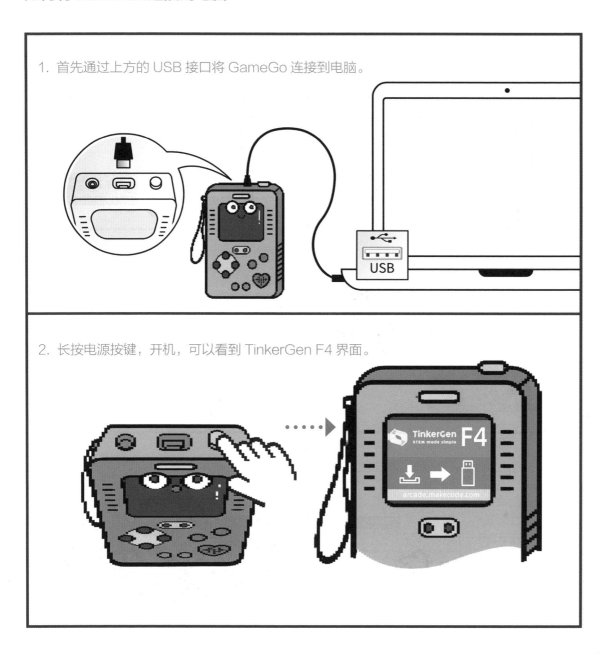

1. 首先通过上方的 USB 接口将 GameGo 连接到电脑。

2. 长按电源按键，开机，可以看到 TinkerGen F4 界面。

如何将Arcade游戏下载到GameGo上

1. 打开浏览器，输入网址 https://arcade.makecode.com/。

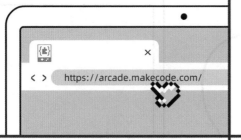

2. 向下拉到"积木块类游戏"，找到 Falling Duck 游戏，选择"打开示例"。

3. 在界面左边的模拟器上按 A 按键、B 按键或方向按键可试玩游戏。

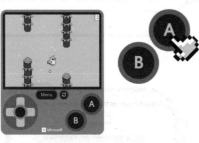

4. 单击"下载"按钮，保存为 TinkerGen GameGo 格式的文件。

5. 下载完成后，将文件保存到 GameGo 上。

6. 在你的 GameGo 上体验游戏吧。

灰袍魔法师考题 0-1

下面关于 Arcade 的描述中，哪个不正确？

- ☐　A. Arcade 是微软开发的针对开源游戏硬件的编程环境
- ☐　B. Arcade 支持图形化编程
- ☐　C. Arcade 是一台游戏机的名字
- ☐　D. Arcade 可以用来开发自己的小游戏

灰袍魔法师考题 0-2

在游戏编程过程中，如果想测试游戏，则下面哪个选项是对的？

- ☐　A. 必须连接游戏硬件才能测试
- ☐　B. 可以使用模拟器或游戏硬件测试
- ☐　C. 只能使用模拟器测试

灰袍魔法师考题 0-3

下面关于 GameGo 教具的说法中哪个是错误的？

- ☐　A. 用户可以在 GameGo 上完成所有的编程工作
- ☐　B. GameGo 是一个可编程的游戏机
- ☐　C. GameGo 是由柴火创客教育开发的产品

（所有考题的答案见本书末页）

01 关　侠客行

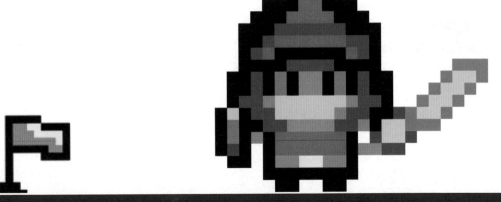

无论你玩过多少游戏，终究都是在玩别人的作品。而游戏的终极乐趣是自己创作。本书将借助图形化编程工具 MakeCode Arcade 和柴火创客教育的可编程掌机 GameGo，由简入繁，一步步指导读者做出自己喜欢的掌机游戏。我们开始吧！

任务1：制作第一个掌机游戏——侠客行

下面开始灰袍魔法师的第一个任务：使用 Arcade 编辑器创建一个小英雄，并为它设置按键控制，以便玩家能通过四个方向按键控制小英雄四处移动。在"任务 2"中将学习如何保存你的大作，并把它下载到 GameGo 上，让小英雄在你的掌机上跑起来。

动手实践

1/5 在 Arcade 里新建项目

在浏览器中打开 Arcade 平台（具体操作见 00 关）。

进入 Arcade 编辑器，单击 "我的项目"模块下的 "新建项目"按钮，如右图所示。

在弹出的对话框中输入项目的名字 "侠客行"，如果你还不会打字，也可以输入像 "xkx"这样的字母。然后单击绿色的 "创建"按钮，如右图所示。

这样就正式进入了 Arcade 的图形化编程的环境，如下图所示。

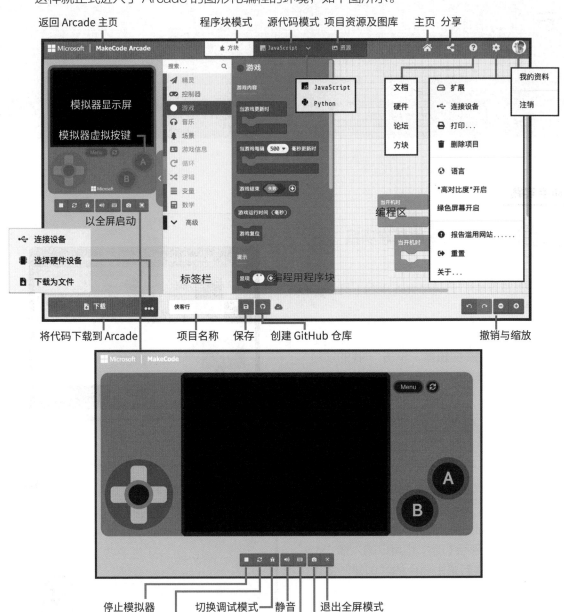

2/5　将小英雄放置到场景中

　　如左下图所示，单击"精灵"标签，将第一个程序块拖曳到编程区中。如右下图所示，将该程序块嵌入"当开机时"程序块中，单击小手指示的灰色方框，可以打开精灵图案的编辑器。

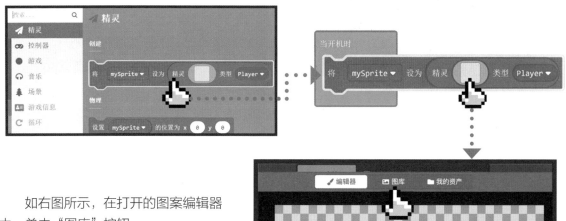

　　如右图所示，在打开的图案编辑器中，单击"图库"按钮。

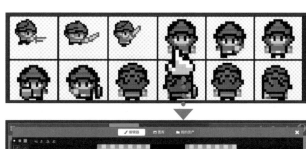

　　如右图所示，Arcade 图库里提供了很多制作小游戏的素材，找到小手所指的小英雄素材，然后单击它。

　　如右图所示，现在小英雄的图案几乎占据了整个屏幕，在右下角找到"完成"按钮，单击它。

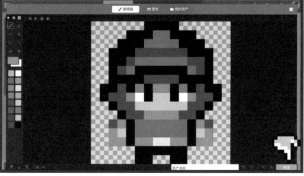

现在，在程序块中（如下图所示）和模拟器的中间（如左图所示）①，都出现了小英雄的形象，只是因为小英雄的双腿和模拟器的默认场景都是黑色的，所以看不到他的腿了。

3/5 添加按键控制

如左图所示，单击"控制器"标签，拖曳"使用按键移动 mySprite"程序块到刚才放置小英雄的程序块的下方。

现在程序看起来如下图所示。

---

① 在真实界面中，编程界面在右，模拟器在左。为了保持一致的体验，本书尽量把模拟器示图放在了左侧。

4/5 **让小英雄在模拟器里走起来**

通过鼠标或键盘，控制小英雄在模拟器里四处行走，如左图所示。只是黑色的背景显得很不合适小英雄，下面尝试修改背景色。

5/5 **修改背景色**

如左图所示，单击"场景"标签，选择"设置背景颜色为"程序块。

将该程序块拖曳到下面图示位置，并单击小手指示的灰色椭圆图标，在弹出的色盘中选一种你喜欢的颜色。

程序如下图所示，我选了绿色。模拟器效果如左图所示，现在小英雄站在"大草原"上。单击模拟器上的方向按键，试试移动小英雄。

💀 注 意

　　本书为大部分程序提供了二维码，用微信扫码，便可以直接在手机上通过模拟器试玩，效果如左图所示。也可以复制扫描获得的链接，并转发到电脑上，单击"Show Code"按钮来查看程序或编辑程序。

arcade-L1- 侠客行 -
场景背景色修改 .uf2

扫码立即体验游戏
并获取程序

🏁 **任务2：保存并将游戏下载到GameGo中**

把任务 1 中做的游戏下载到 GameGo 掌机上试玩。

动手实践

1/2 将文件保存到本地

如下图所示，Arcade 提供了多种保存文件的方式。下面着重介绍两种常用的将文件保存到本地的方法。

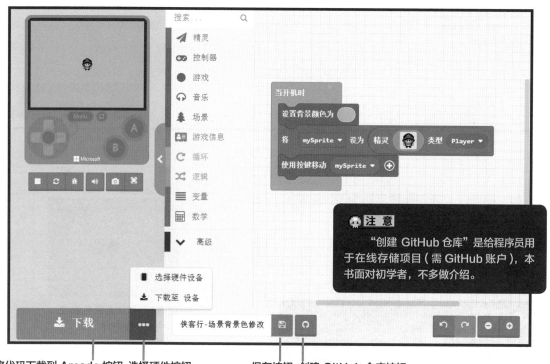

将代码下载到 Arcade 按钮　选择硬件按钮　　　　　保存按钮　创建 GitHub 仓库按钮

方法 1：使用项目名称右边的保存按钮

如右图所示，单击项目名称右侧的保存按
钮，会出现下图所示的"项目已保存！"的提
示框。单击小手指示的"明白了！"按钮即可
关闭提示框。

项目已保存！

您的项目已保存在此图像中。将其导入或拖动到编辑器中以重新加载。

明白了！ ✖

如右图所示，项目会被保存为 PNG 格式
的图片文件。

arcade-侠客行-场景背景色修改.png

注 意

　　这种 PNG 格式的程序文件不能用于硬件，只
能保存在电脑上或用电脑加载！

方法 2：使用左下角的"下载"按钮

如左图所示，单击"下载"按钮（此按钮可用于保存多种规格硬件需要的程序文件）。

如左图所示，弹出"选择您的硬件"对话框，向下拉找到"TinkerGen GameGo"，并单击它。

如下图所示，提示"下载完毕"后，在下载文件夹中查看刚才下载的扩展名为 .uf2 的文件。

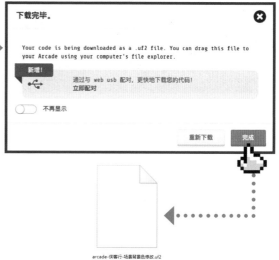

2/2   将游戏下载到 GameGo 中并开始玩

如下图所示，使用 USB 数据线连接 GameGo 和电脑，并按下 GameGo 的电源按键直到指示灯亮，此时屏幕会显示 TinkerGen F4 的图标。

☠ 注 意

在我们平时使用的 USB 线中，有很多是 USB 充电线而非 USB 数据线（外观都一样），有数据传输功能的 USB 线成本会高一些。如果使用的是 USB 充电线，则会导致长按电源按键却无法出现 TinkerGen F4 画面的情况。

如右上图，将刚刚下载的 .uf2 文件，拖曳到 GameGo 的设备里（或直接进行复制和粘贴），会出现右下图所示的对话框。

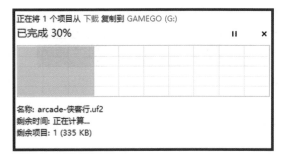

　　如右图所示，复制完成后，可以看到小英雄出现在 GameGo 屏幕的中间。尝试用 GameGo 的方向按键移动小英雄。

　　至此就经历了整个游戏的开发过程：编程→在模拟器中测试→到硬件真机上测试。

灰袍魔法师考题 1-1

我们是如何将 Arcade 里编辑好的程序，放入 GameGo 里的？

- ☐　A. 直接插上数据线就可以了
- ☐　B. 大喊一声"下载"
- ☐　C. 需要先下载，然后将下载后的文件复制到设备里

02 关 "精灵"制造者

在 Arcade 的世界里,除了背景,其他几乎所有可以看到的元素,包括玩家角色、怪物、子弹、装饰物、障碍物……都是由"精灵"构成的。本关将介绍如何绘制自己想要的精灵,或使用图库里的素材,及通过修改素材获得自己想要的形象。

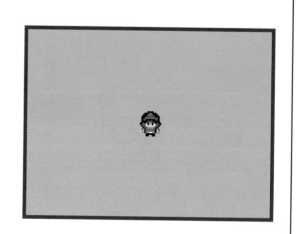

🌐 知识点

能"变"出万物的"精灵"

　　在 01 关中,我们通过将图库中的小英雄添加为"精灵",创作了第一个作品。

　　"精灵"可是游戏魔法师最重要的法宝之一,可以用它"变"出游戏中需要的任何东西,例如游戏里的敌人、能吃的道具、子弹等。怎么变? 别着急,接下来的关卡会慢慢教会大家。

　　对于一个创作欲满满的游戏魔法师来说,图库里的收藏可能无法满足你的造物要求。本关将教你如何绘制自己想要的角色、物品甚至背景。

⚑ 任务1: 绘制一个火柴人

　　游戏创作离不开各种角色和道具,Arcade 提供了一个图像编辑器,供用户自由创作自己需要的图像。这个任务将会尝试绘制一个火柴人,并给火柴人增加按键控制。

动手实践

1/3　将精灵加载到场景中

　　在浏览器中打开 Arcade 平台(具体操作见 00 关)。

　　在 Arcade 主页中新建项目,项目名称为**火柴人**。和 01 关任务 1 中的操作类似,单击"精灵"标签,把"将 mySprite 设为 精灵…… 类型 Player"程序块拖曳到编程区。

如下图所示，在小手指示位置单击程序块里的灰色方框，打开图像编辑器。

接下来使用图像编辑器来绘制精灵。

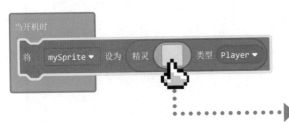

知识点

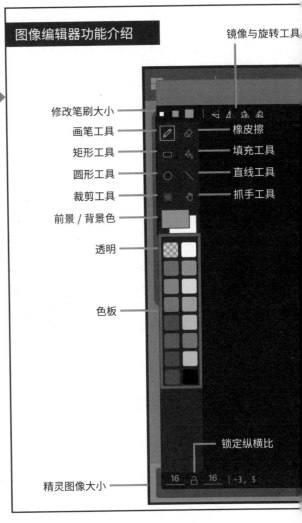

2/3　自由绘画——火柴人

在正式开始绘制之前，先了解一下 Arcade 图像编辑器的功能，如右图所示。

小技巧

绘制时有一个小技巧：按下鼠标左键绘制，则会使用前景色绘制；按下鼠标右键绘制，则会使用背景色绘制。你可以随时在两种颜色之间切换。图像编辑器中任何一种和上色有关的工具，都支持这个设定。

对于色板，可以按下鼠标左键选择需要的前景色，按下鼠标右键选择需要的背景色。还可以按键盘的 X 键，让前景色和背景色互换。

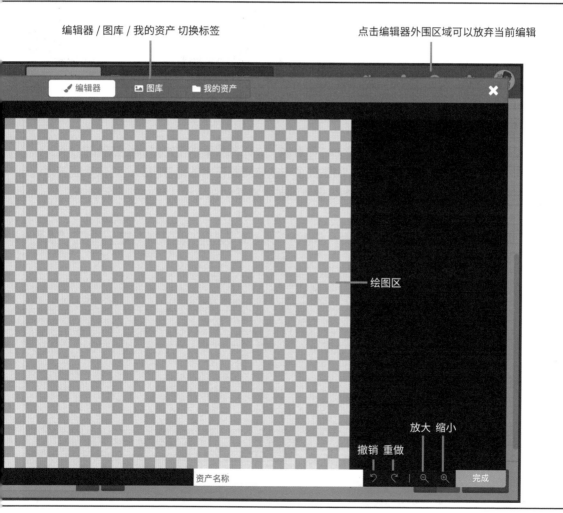

小技巧

1. 按住键盘的 Alt 键可以调用隐藏的颜色吸管工具，然后在绘图区按下鼠标左键或右键，快速吸取你想要的前景色或背景色。
2. 在使用其他编辑工具的时候，按住空格键能立即激活抓手工具，松开空格键会回到当前正在使用的工具。

编辑器 / 图库 / 我的资产 切换标签

点击编辑器外围区域可以放弃当前编辑

绘图区

放大　缩小

撤销　重做

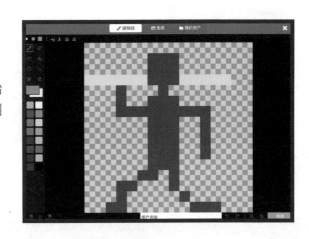

了解了图像编辑器的功能，现在可以开始画了。至于能画成什么样，就看自己了。右图是我画的火柴人，是不是有点简单？

🔘 **知识点**

像素画艺术

　　Arcade 的图像在美术风格中被称为"像素画"，在游戏美术中也是一个独特的分支。在"本书资源"中（见封底二维码），我提供了一些像素画艺术的参考网站，对像素画艺术有兴趣的读者可以前往观摩学习。下图是像素画艺术家 Slynyrd 个人网站的作品展示。

3/3 为火柴人添加按键控制

像 01 关那样为火柴人加入按键控制，最终的程序如下图所示，模拟器效果如左图所示。

arcade-L2- 火柴人 .uf2

扫码立即体验游戏
并获取程序

灰袍魔法师考题 2-1

下面关于编辑器的颜色使用错误的说法是?

- ☐ A. 使用画笔时，按下鼠标左键则会用前景色绘制，按下鼠标右键则会用背景色绘制
- ☐ B. 使用画笔时，可以用鼠标滚轮切换前景色和背景色
- ☐ C. 使用填充工具时，按下鼠标左键则会用前景色填充，按下鼠标右键则会用背景色填充
- ☐ D. 灰白相间的网格区域代表透明区域

⚑ 任务2：修改出自己的游戏素材

对于有兴趣自己做游戏的小伙伴来说，千万别低估了美术方面的工作量。如果你没有受过专业美术训练，又想让自己的游戏看起来像那么回事，一个捷径就是在现有素材上进行修改和再创作。Arcade 提供图库的目的，就是让没有太多美术功底的用户借助这些已经提供的素材，快速搭建出自己喜爱的游戏。本任务就是教大家如何使用图库的素材，结合上一个任务有关图像编辑器的知识，快速修改出自己满意的游戏素材。

动手实践

1/1　利用图库进行再创作

打开上一个任务的程序：**arcade-L2- 火柴人 .uf2**。
单击小手指示位置的精灵形象的图标，打开编辑器，切换到图库。这次选择一个小公主。

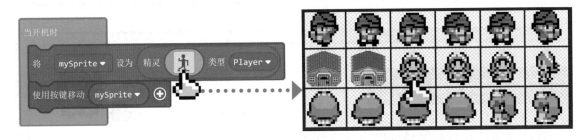

单击公主图标后，回到编辑器界面。用填充工具🪄把公主的头发从绿色换成棕色，把粉色的小裙子换成红色，把金色的装饰也换成带有皇家气质的紫色。

单击图像编辑器的确定按钮后，可以看到
程序块（如下图所示）和模拟器（如左图所示）
里的造型已经变了。单击模拟器上的方向按键
试试，让小公主四处溜达，是不是很简单？

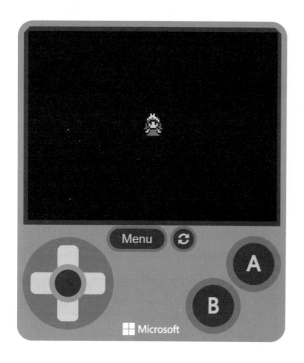

arcade-L2- 公主殿下 .uf2

扫码立即体验游戏
并获取程序

灰袍魔法师考题 2-2

下面有关 Arcade 图库的说法错误的是？

- ☐ A. 图库的素材可以帮助游戏制作者快速搭建自己的小游戏
- ☐ B. 用户可以用图库的素材进行再创作，做出自己喜欢的造型
- ☐ C. 用户可以修改并替换图库里的素材

🏴 任务3：在场景中使用和绘制图像

在 01 关的任务 1 中介绍了如何修改场景的背景色。到目前为止，可爱的小公主还只能在一个单色且毫无生气的场景里转悠。下面将学习如何绘制自己喜欢的背景。

动手实践

1/4 添加"设置背景图片为"程序块

继续使用上一个任务的程序：**arcade-L2- 公主殿下 .uf2**。

如下面左图所示，单击"场景"标签，将"设置背景图片为"程序块拖曳到编程区，结果如下面右图所示。

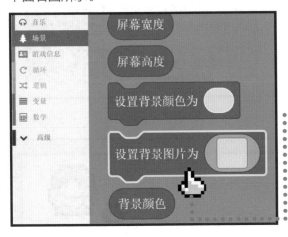
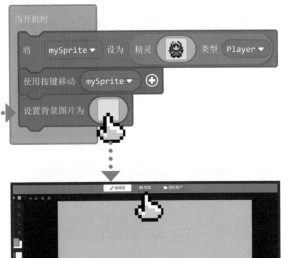

2/4 从图库中选背景图

单击刚才程序块里的灰色方块，打开如右图所示的背景图编辑窗口。然后单击小手指示的"图库"标签，进入背景图图库。

如下面左图所示，目前 Arcade 有多个背景图可选，我选了带绿色草地的那张。

如下面右图所示，现在蓝天、绿树都有了。

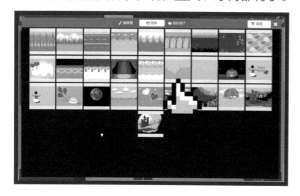 

3/4 修改背景图

在图像编辑器里修改背景图的细节，我修改后的作品如右图所示。

4/4 查看效果并下载到 GameGo

arcade-L2- 小公主 - 风景版 .uf2

扫码立即体验游戏
并获取程序

完成后在模拟器中查看效果，公主殿下现在可以在美丽的大自然中散步了。最后将程序下载到 GameGo 进行体验。

灰袍魔法师考题 2-3

关于游戏场景的描述正确的是?

- ☐ A. 游戏场景只能设为单一的颜色
- ☐ B. 游戏场景可设为单一的颜色,或必须从已有图库选
- ☐ C. 游戏场景可设为单一的颜色,或只能自己用编辑器绘制
- ☐ D. 游戏场景可设为单一的颜色,或用编辑器绘制,或从图库选

03 关　从玩法到变量

　　这一关将学习游戏"玩法"和"变量"的基本概念。玩家在准备体验一款游戏的时候，首先会尝试弄明白"这个游戏是怎么玩的"，这一关通过分析"石头、剪子、布"这个小游戏，带读者学习如何建立"玩法"（游戏规则）。游戏里的物品、得分、生命值等，通常是由"变量"构成的。读者还将学会如何添加变量、显示提示内容以及使用变量进行计算。

🌐 知识点

玩法（游戏规则）

　　玩家拿到一个游戏首先会尝试弄明白"这个游戏是怎么玩的"，也就是"玩法"，更书面的叫法是"游戏规则"。

　　下面以大家都熟悉的猜拳竞技游戏"石头、剪子、布"为例，看看它的游戏规则。

石头、剪子、布(猜拳游戏)

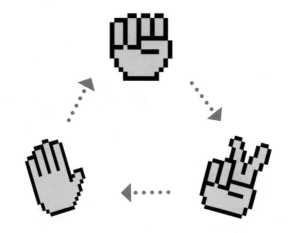

　　两个玩家先各自握紧拳头，然后其中一人或者两人一起念出口令，在说最后一个音节的同时，两个玩家出示自己心中想好的手势（"石头""剪子"或"布"）。

　　石头：握紧的拳头。

　　剪子：或称"剪刀"，中指和食指伸直，其余手指握紧。

　　布：五指伸直，张开手掌。手心向下，或向上，或竖直（拇指向上）。

　　每一个手势代表一个"武器"，互相克制的原则是：剪子剪不动石头（石头胜利）；布被剪子剪开（剪子胜利）；石头被布包裹（布胜利）。如果双方出示了一样的手势，就是平局。

　　通常这种简短的比赛可能会被重复多次，以三局两胜或五局三胜来决定胜负。

变量

石头、剪子、布游戏输赢的判断核心，就是这样的博弈关系：石头＞剪子，剪子＞布，布＞石头。除此之外，判断比赛的输赢还用到了 2 个数值概念：

- ■ **回合数**：需要在比赛前约定好，是三局还是五局，定下来就不能变了。这种在游戏过程中不变的数值叫"常量"。
- ■ **得分**：每个回合如果分出胜负，获胜者的分数会增加。这个数字会随着比赛的进行发生变化。这种会在游戏过程中发生变化的数值叫"变量"。

这两类数值也是编程设计的基础。

对一个游戏魔法师来说，学会如何用变量，就像他要学习并背诵"魔法咒语"一样，属于基本功。变量在游戏中几乎无处不在，是构成游戏内部各种数值和逻辑关系的基本要素。

在 Arcade 中，变量就好比一个有名字的、可以存储数据的虚拟盒子。有了这些盒子，就可以在需要的时候，根据盒子上的名字找到需要的数据，并对盒子里的数据进行修改。"变"的意义，就是可以变化的意思。

盒子上的标签就是变量的名字，里面存储的数字就是变量的值。在前面的关卡中，使用了多次的"mySprite"就是一个变量，如下图所示。随手拿出一个游戏，都能看到变量的影子。

以经典的打飞机游戏《雷电 3》的游戏截屏为例，如左图所示，只看屏幕上的展示，就能找到 7 个变量。

- 玩家 1 的"命"数
- 玩家 2 的"命"数
- 玩家 1 的得分数
- 玩家 2 的得分数
- 最高纪录分数
- 玩家 1 的保命"保险"数
- 玩家 2 的保命"保险"数

这是能看到的部分。根据这个屏幕上的信息，推测可能还有的变量如下：

- 玩家 1、2 的飞机的位置
- 玩家 1、2 的飞机的武器装备类型（子弹、激光等）
- 玩家 1、2 的飞机的武器装备等级（子弹或激光的强度）
- 敌机的位置
- 敌机的血量
- 等等

灰袍魔法师考题 3-1

下面的描述哪些是错误的？（多选）

- ☐　A. 玩法就是变量
- ☐　B. 玩法是在游戏规则下达成游戏目的的方法
- ☐　C. 变量是用于在程序中存储值的容器
- ☐　D. 变量存入的值会自动发生变化，所以叫变量

🏴 任务1：添加和显示变量

本任务准备做一个打飞机的游戏，这个游戏有点难度，一旦误碰到怪物或子弹，游戏便会结束。在每次开始游戏的时候，都出现一个醒目的提示："且行且珍惜，你只有 1 条命！"我们希望用变量来表示命数，以便以后适当降低难度，增加更多的命数给玩家。例如，设置玩家每局有 3 条命，那么提示的命数会自动变成 3。

动手实践

1/4　设置"生命值"变量

在浏览器中打开 Microsoft Arcade 平台（具体操作见 00 关）。

在 Arcade 主页新建项目，命名项目名称为**且行且珍惜**。

如右上图所示，单击"变量"标签，然后单击"设置变量"按钮。在弹出的"新变量的名称"对话框中（如右图所示），输入新变量名"生命值"，最后单击"确定"按钮。

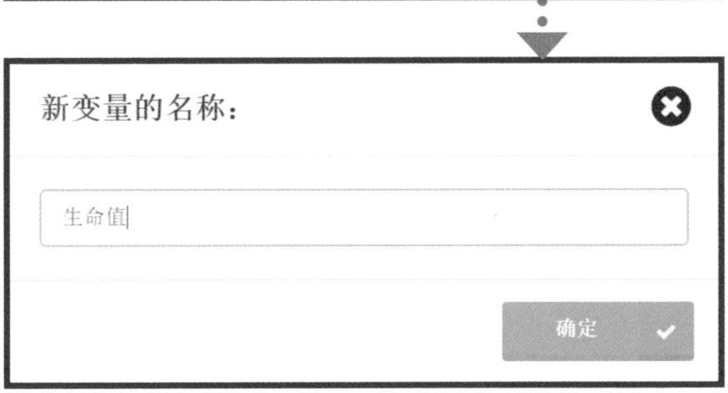

设置完毕后，如右图所示的程序块选择区里多了 3 个程序块，拖曳"将生命值设为 0"程序块到编程区。然后将"生命值"变量的值设为 1。

如下图所示，模拟器依然漆黑一片。

2/4　为游戏添加文字提示

接下来就要显示提示文字，为了强化提醒的效果，先把场景的背景色设置为黄色。可以在"场景"标签栏里找到设置场景背景色的程序块。拖曳"显现……"程序块到编程区。

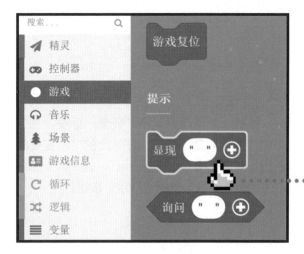

在"显现……"程序块的引号区域里，输入要显示的文本"**且行且珍惜，你只有 1 条命！**"，现在如左图所示，已经能在模拟器里看到预期效果：在黄色的背景上，出现了一个黑色的提示框，对应的程序如下图所示。

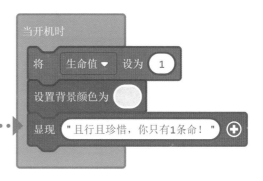

3/4　组合文本和数值

任务目标似乎已经达到，提示框中会显示期望的内容，但提示的内容和变量完全无关。例如，将变量生命值修改为 3，提示内容照旧。

如左图所示，单击"变量"标签，拖曳"生命值"程序块到编程区。

现在试试能否把"生命值"变量程序块直接放到"显现……"程序块里有引号的椭圆区域中。似乎是可以放置的，如左图所示。

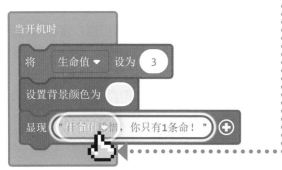

如下图所示，在"显现……"程序块内放入"生命值"程序块后，屏幕显示"3"。

"显现……"程序块只能显示一个元素，要么是文本，要么是变量。如果想放入文本和变量的组合，就需要想其他办法。

我们先把"生命值"变量程序块拖回标签栏区域，如左图所示。

4/4　实现组合显示的效果

为了实现文本和变量的组合，需要用到另外一个程序块"组合字符串……"。单击"高级"标签，在展开项中单击"文本"标签，在程序块选择区中找到"组合字符串您好世界"程序块，如左图所示。

把"组合字符串您好世界"程序块拖曳到"显现……"程序块带引号的椭圆区域内，程序如下图所示，模拟器效果如左图所示。

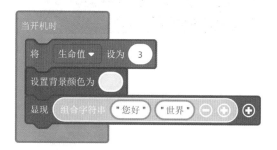

如下图所示，将"生命值"变量程序块拖曳到"显现……"程序块中"您好"右侧，这次没有出现任何警告。如左下图所示，模拟器显示"您好3"。看来组合字符的问题被解决了。

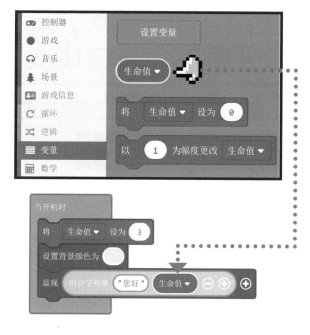

期望的效果如左图所示，其内容组织方式应该是：**且行且珍惜，你只有【生命值】条命！** 单击下图小手所指的"+"号，会增加一个文本框。

在文本框中输入"条命！"，程序如下图所示。

在文本框中输入"条命！"，程序如下图所示。

可见，借助"组合字符串……"程序块，可以把数值变量变成文本，通过"显现……"程序块的提示框呈现出来。

最后，在 GameGo 上体验程序效果吧。

灰袍魔法师考题 3-2

下面哪些描述是错误的？（多选）

☐　A."显现……"程序块的提示框只能显示纯文本内容

☐　B."组合字符串……"程序块只能组合纯文本内容

☐　C."组合字符串……"程序块可以组合文本内容或数值内容

☐　D."显现……"程序块的提示框可以放置变量程序块，以提示变量的数值

🏳 任务2：精明的猴掌柜

　　现在已经学会了如何添加变量和显示变量。下面将通过一个虚构的游戏场景来引出任务：小英雄在森林冒险，转悠了一大圈后，来到猴掌柜开的杂货店，准备将背包里捡来的物品换成金币（如左下图所示）。右下图是准备贩卖的物品（苹果、草莓和鸡腿），标出了每个物品的数量和价值。现在的任务是，编写程序，来算算如果这次交易成功的话，小英雄的金币总数能变成多少（目前有 12 个）。

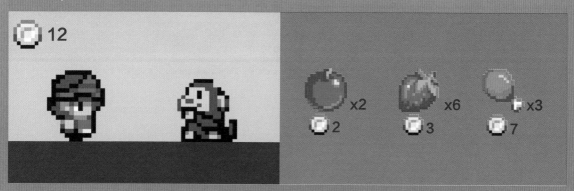

　　交易的过程和结果，就通过上个练习的"显现……"程序块加"组合字符串……"程序块的方式来实现。

动手实践

1/3　变量需求分析

　　在浏览器中打开 Microsoft Arcade 平台（具体操作见 00 关）。

　　在 Arcade 主页新建项目，项目名称为**精明的猴掌柜**。

　　先看看这个场景需要哪些变量：

■　小英雄的金币数

■　鸡腿的价格

■　鸡腿的数量

■　苹果的价格

■　苹果的数量

■　草莓的价格

■　草莓的数量

足足有 7 个之多。计算需要的数学公式如下：

金币总数 = 鸡腿的价格 × 鸡腿的数量 + 苹果的价格 × 苹果的数量 + 草莓的价格 × 草莓的数量

2/3　设置变量

先设置好需要的变量名。

如右图所示，单击"变量"标签，然后单击小手所指的"设置变量"按钮。

在弹出的对话框中将新变量命名为"金币"，然后单击"确认"按钮，如下图所示。

重复上面的过程，添加其他变量。如左下图所示，现在有了需要的所有变量。接下来为这些变量赋值，使用"将草莓的数量设为 0"这个程序块。

如右下图所示，拖曳该程序块到编程区后，单击程序块中的下三角按钮，在下拉菜单中选择"鸡腿的数量"，将它的值设为 3。

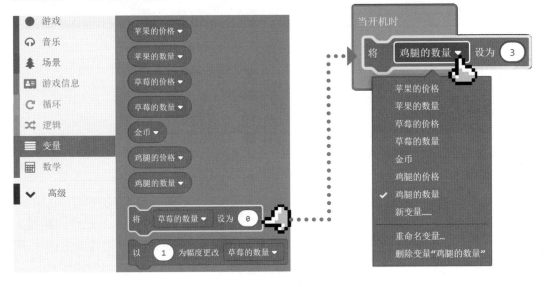

右击"将鸡腿的数量设为3"程序块，在快捷菜单中选择"重复"，快速复制出7个同样的程序块。

依次修改变量，并为各个变量设置初始值。然后使用上个任务的"显现……"和"组合字符串……"程序块，显示玩家的初始金币。模拟器效果如左下图所示，最终程序如右下图所示。

3/3 计算的实现

下面开始设计猴掌柜的计算程序。假设卖出交易是依次进行的：先卖出苹果，再卖出草莓，最后卖出鸡腿。

先来看苹果的交易是如何实现的。单击"数学"标签，可以找到"0＋0"与"0×0"的程序块，如右图所示。

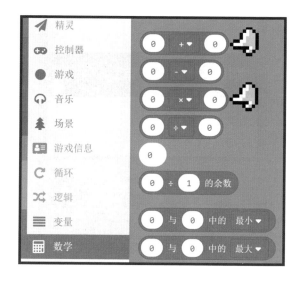

通过复制增加一个金币赋值程序块"将金币设为 12"，用来计算苹果卖出后的金币数。

单击"数学"标签，拖曳"0 + 0"程序块到刚才添加的"将金币设为 12"程序块中，取代"12"的位置。

单击"变量"标签，拖曳"金币"程序块到刚才"0+0"程序块中加号的左边。单击"数学"标签，拖曳"0 × 0"程序块到刚才"0+0"程序块中加号的右边。

单击"变量"标签，分别拖曳"苹果的价格"和"苹果的数量"两个变量，放在"0×0"程序块的乘号的左右两边，这样就可以得到贩卖苹果后的金币数，如右图小手所指。

复制"显现……"程序块，并修改文案，让猴掌柜给出交易后的金币数量，最终程序如右图所示。

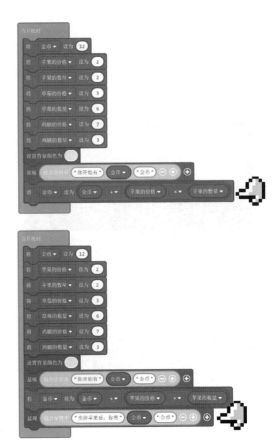

注意，左图模拟器的提示框右下角有一个"A"的按键提示，意思是按模拟器的 A 键可以继续游戏，按下后，提示有 16 个金币。12 + 2 × 2 = 16，猴掌柜没算错。

使用复制功能，完成后面两种物品的交易，最终的程序效果如右图所示。

最后，在 GameGo 上体验程序效果，如下图所示，猴掌柜的计算能力果然厉害。

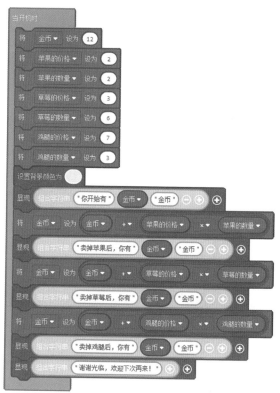

arcade-L3- 精明的
猴掌柜 .uf2

扫码立即体验游戏
并获取程序

灰袍魔法师考题 3-3

下面关于变量和计算的描述错误的是？

- ☐　A. 变量的值可以通过运算程序块重新计算并修改
- ☐　B. 在加减乘除的运算程序块里，不允许嵌套其他的运算程序块
- ☐　C. 可以将变量直接放入加减乘除的运算程序块里构成计算公式
- ☐　D. 加减乘除的运算程序块里可以多重嵌套

🏳 任务3：复杂公式计算的挑战

完成上面的练习后，思考一下如何能让猴掌柜一步就算出最终的答案？请读者自己试试看。

请先自行尝试编写程序，再参考下面的程序！

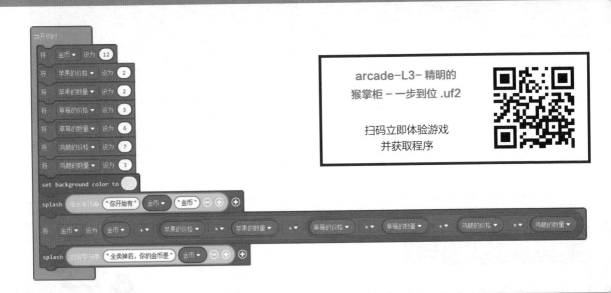

arcade-L3- 精明的
猴掌柜 - 一步到位 .uf2

扫码立即体验游戏
并获取程序

🏳 任务4：JavaScript的捷径

对于上一个任务的程序中比较复杂的组合公式，请尝试切换到 JavaScript 模式下的文本代码编辑模式。可以看到，在这个模式下公式的表达更加简单明了。

1/2 JavaScript 模式探索

如下图所示，单击顶部小手指示的 JavaScript 按钮，可以切换到代码模式。可以直接在这个模式下编辑自己需要的公式。

2/2 附加的优惠

额外的剧情：在完成交易后，因为今天是猴掌柜的生日，他一高兴，就把你的金币翻倍了！该如何实现呢？如下图画线部分所示，在代码模式下是不是很容易？

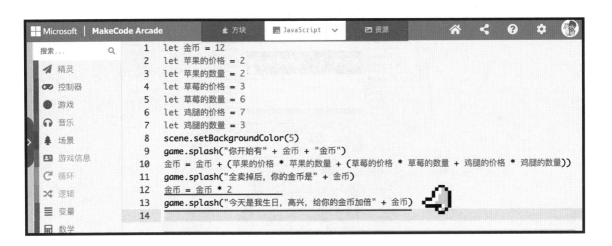

单击小手所指的"方块"按钮，可以看到程序自动变成了程序块的样子，如下图所示。

可见，如果觉得构建复杂公式有些麻烦，可以尝试用 JavaScript 模式来试试，不过，要注意输入的公式不能出错。最后，在 GameGo 上体验程序效果吧。

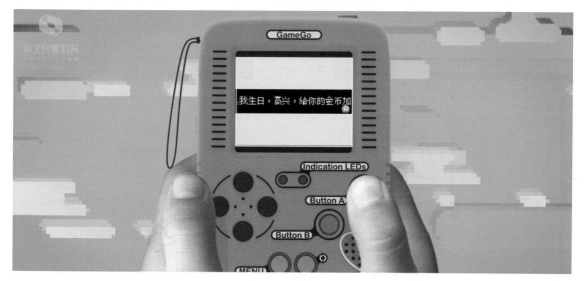

04 关　点击英雄

　　这一关会首先介绍点击类游戏的代表作——《点击英雄》，然后学习如何创建按键事件，并添加得分、倒计时等游戏元素，做出通过重复按键就能玩的小游戏。读者甚至还能用这些知识把 GameGo 掌机变成一个心率计。

知识点

经典游戏回顾：《点击英雄》

　　点击类游戏最初是在网页上兴起的，代表作是《点击英雄》(Clicker Heroes)。如下图所示，玩家不需要像一般的角色扮演游戏那样四处寻找怪物，因为怪物挨个排着没有尽头的队伍，就站在屏幕中间等待玩家。玩家要做的，就是玩命点击屏幕，给怪物造成伤害。没错，这个游戏的主要玩法就是狂戳屏幕，点得越快，就能越早把怪物干掉，获得金币。拿着这些金币可以进一步提升自己的伤害力，或雇佣帮手帮你打。

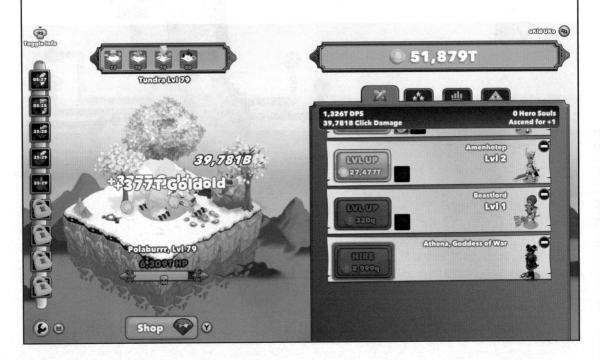

进入手游时代后，有个叫 Game Hive 的公司，借鉴网页点击游戏的玩法做了一款手游，叫《点杀巨人》(Tap Titans)，也很受欢迎，如下图和右图所示。所以说，简单的玩法一样可以创造出有趣的作品。

言归正传，这一关将学习如何通过简单的按键，结合分数、生命值和倒计时，创作出一个让人紧张的游戏。

⚑ 任务1：从计数器到点击英雄

这个任务将学习如何为按键事件添加一个计数器，就是每按一下按键 A，就让屏幕上的分数加 1。

动手实践

1/3 显示得分

在浏览器中打开 Microsoft Arcade 平台（具体操作见 00 关）。

在 Arcade 主页新建项目，项目名称为**点击英雄**。

如右下图所示，单击"游戏信息"标签，拖曳"设置得分为 0"的程序块到"当开机时"程序块内。

如左下图所示，可以马上在模拟器的右上角看到得分。

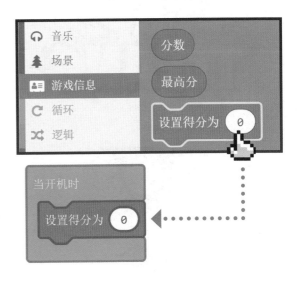

设置按键得分

如右图所示，单击"控制器"标签，找到"当
按键 A 按下"的程序块，拖曳到编程区。

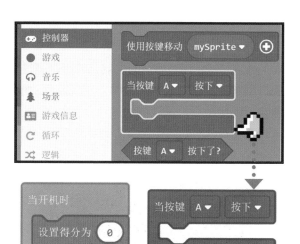

注意"当按键 A 按下"程序块是无法放入
绿色的"当开机时"程序块内的，可以把它放
在其他任意位置，如右图所示。

如右图所示，单击"游戏信息"标签，找
到"得分增加 1"的程序块，拖曳到刚才的"当
按键 A 按下"程序块内部。

现在已经实现了一个最简单的计数器，如
左图所示。在模拟器上快速点击几下按键 A，
感受一下字节跳动，但游戏有点无聊，因为没
有任何挑战。

3/3 **增加倒计时挑战**

建立挑战是游戏好玩的关键，在《点击英雄》里，眼前等级越来越强的怪物，是玩家面对的最直接的挑战。这里我们增加一个倒计时，这样玩家在有限时间内如何获得更多的点击次数，就变成了一个挑战。

如下图所示，单击"游戏信息"标签，拖曳"开始倒计时 10 秒"程序块到编程区，放在"设置得分为 0"程序块的下面。

如左图所示，模拟器屏幕顶部中间立即出现了一个跳动的倒计时。

arcade-L4- 点击
英雄 -1.uf2

扫码立即体验游戏
并获取程序

如左图所示，在倒计时结束的时候，停止点击，可以看到自己的得分。我的 10 秒倒计时最好记录是 79，你敢挑战吗？多尝试几次不同的得分，可以看到 Game Over! 下面的 Hi 旁边会显示历史最高得分。最后将游戏下载到 GameGo，用按键试试自己的得分。

拓展玩法

> **在当前游戏的基础上，可以增加一些拓展玩法，有兴趣的读者可以自己尝试。**
>
> ■ 增加 B 键支持，即按 A 键或 B 键都能得分。
> ■ 给游戏增加一个像样的开始界面，比如显示"点击英雄"这样的界面，然后按 A 键继续，
> 　这样会更正式一些。
> 你觉得还能做哪些改进呢？

🏴 任务2：按键会死

　　这个任务将会学习"游戏信息"标签下的"生命值"程序块的用法。生命值这个变量在大多数游戏里都会有，有了它，玩家不至于一犯错就面临游戏结束的处罚。

　　下面是"按键会死"的小游戏，玩法很简单，只要按下 A 键，就会让生命值减 1，生命值为 0 后，出现"Game Over"。

　　程序很简单，单击"游戏信息"标签，拖曳"设置生命值为 3"程序块到"当开机时"程序块内；拖曳"生命值增加-1"程序块到"当按键 A 按下"程序块内。现在在模拟器里（如左图所示），按 3 下 A 键就会 Game Over，程序如下图所示。

🚩 任务3：制作"心率计"

刚才的练习虽然简单，但同时也显得无趣和无用。下面做一个有用的游戏——心率计。

心率是指一分钟的心跳次数。医生或护士在测试心率的时候，有时出于节省时间的考虑，会记录 15 秒的心跳次数，然后再把它乘以 4，就得到了心率。下面要做的"心率计"也是这个原理：提供 15 秒的倒计时，通过按键记录"心跳次数"，到时间后提示计算出的"心率"。

1/2　设置 15 秒倒计时与按键计分

在浏览器中打开 Microsoft Arcade 平台（具体操作见 00 关）。

在 Arcade 主页新建项目，项目名称为**心率计**。

这里和本关任务 1 的程序一样，只需要把倒计时的时间修改为 15 秒，将得分作为计算"心率"的数值。

2/2　显示开始提示和计算"心率"

利用上一关所学的知识，如左图所示，可以在开始之前显示一个提示："**心率计 按 A 键开始计数**"。

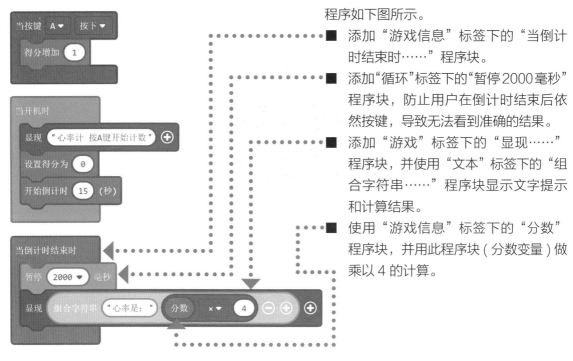

程序如下图所示。

■ 添加"游戏信息"标签下的"当倒计时结束时……"程序块。

■ 添加"循环"标签下的"暂停2000毫秒"程序块，防止用户在倒计时结束后依然按键，导致无法看到准确的结果。

■ 添加"游戏"标签下的"显现……"程序块，并使用"文本"标签下的"组合字符串……"程序块显示文字提示和计算结果。

■ 使用"游戏信息"标签下的"分数"程序块，并用此程序块（分数变量）做乘以4的计算。

最后将程序下载到 GameGo，用按键记录并测试自己的"心率"。

arcade-L4- 心率计 .uf2

扫码立即体验游戏
并获取程序

灰袍魔法师考题 4-1

下面的描述哪些是正确的？（多选）

☐　A. 增加"设置得分"程序块后，屏幕上就会显示得分

☐　B. 增加"设置得分"程序块后，需要再添加"显示得分"的程序块，才能看到得分

☐　C. 增加"开始倒计时"程序块后，倒计时会自动显示在屏幕上并开始工作

☐　D. 可以使用"游戏复位"程序块，让游戏再次开始

第02章 "精灵"讲故事

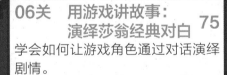

05关 从《沉没战舰》学坐标

本关将通过经典回合制战棋游戏《沉没战舰》(Battleship War),引入"坐标"的概念。然后通过任务实现用一个玩家控制的角色,担任游戏场景里的坐标测绘员,让他走到哪里都实时汇报自己的坐标位置。

● 知识点

经典游戏回顾：《沉没战舰》

　　先给大家介绍一款回合制的战棋类游戏——《沉没战舰》！这个游戏玩法简单，可以直接在网页上打开（搜索"Battleship War"）。打开后单击下图所示的图标即可运行。（也可扫描"本书资源"二维码（见封底），访问相关网址。）

1. 进入游戏开始的画面，如下图所示。

2. 进入游戏后先要安排舰队阵列，如下图所示。

3. 单击"随机"按钮，可以快速完成舰队部署，如下图所示。

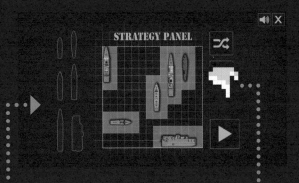

4. 开战后可以看到一个和刚才布置舰船时一样的网格，这是敌方区域。现在你要做的是，命令我方的炮火轰炸指定坐标的网格，如下图所示。

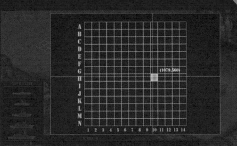

5. 任意单击一个网格后，回到作战界面，可以看到我方舰队发出了一枚导弹，飞向刚才指定的网格，如下图所示。

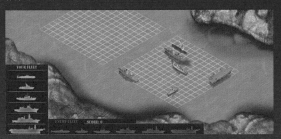

游戏的核心玩法是，双方布置好舰队后，轮流选取对方的网格进行轰炸，如果碰巧命中有舰船的网格，就会看到有烟冒起。如此双方轮流轰炸，直到一方的舰船被全部消灭。

如下图所示是我方大胜的样子。

坐标的概念，在众多棋类游戏中被广泛使用。如下图所示是常见的国际象棋和围棋，都可以看到坐标的影子。

研究这个游戏有助于理解一个非常重要的概念："坐标"。借助坐标，可以方便地确定平面某个区域或点的位置。如下图所示，当飞机侦察员发现 (E，3) 坐标的射击命中了舰船时，司令官就可以下令对其周围的 4 个网格做试探性的攻击。

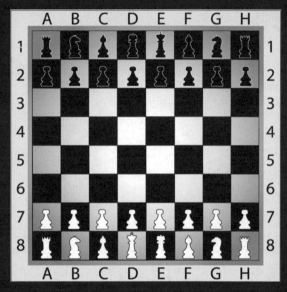

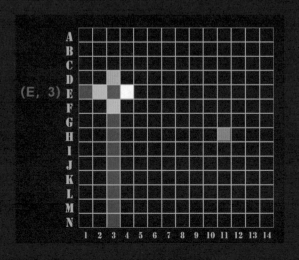

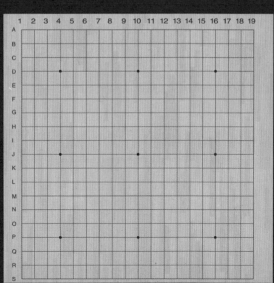

　　GameGo 游戏机的屏幕也是用坐标来划分的：水平方向称为 x 轴，分布着 160 个点；垂直方向称为 y 轴，分布着 128 个点（模拟器的 y 轴是 120 个点），如下图所示。

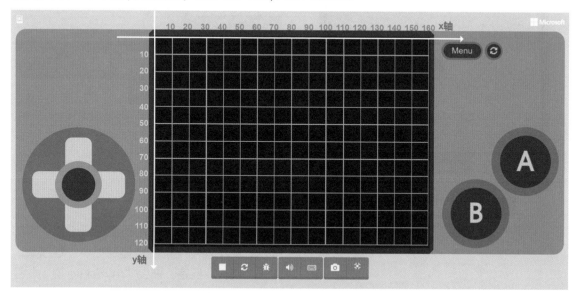

　　有了这个坐标系统的设定，就可以把精灵放在它们需要出现的位置上了。

任务：添加会撒花的坐标测绘员

　　此任务将尝试在屏幕上放一个坐标测试员，当玩家用方向按键操控测绘员在屏幕上移动时，测绘员会一边汇报坐标，一边撒花。

动手实践

1/4　添加测绘员角色

　　在浏览器中打开 Microsoft Arcade 平台（具体操作见 00 关）。

　　在 Arcade 主页新建项目，项目名称为**坐标测绘员**。

　　根据 01 关"侠客行"中所讲的方法，先将绿色设置为背景色，然后为测绘员选择一个角色形象，并设置按键移动测绘员。

程序如下图所示,模拟器效果如左图所示,现在可以看到一个测绘员站在屏幕中间。

2/4 报告坐标

因为测绘员会不断地跑动,所以如果添加提示,就不能用之前的"显现……"程序块。单击"精灵"标签,拖曳"mySprite 说 :)"程序块到下图所示位置。如左图所示,可以在模拟器中看到测绘员说话的效果。

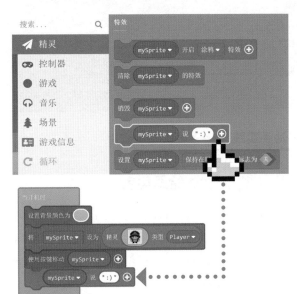

在"精灵"标签下找一找有没有提供坐标值的程序块，能够找到，如右图小手所指。

测绘员不能同时说出 x 轴和 y 轴坐标，使用文本标签下的"组合字符串"程序块就可以实现，修改后的页面如下图所示：

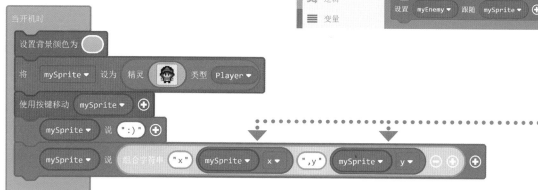

如左图所示，现在可以看到测绘员的坐标了。只是，无论他走到哪里，报告的坐标都没有任何变化，还是测绘员刚开始在的位置（屏幕的中心点 x = 80，y = 60）。就是说，显示坐标那句话，测绘员只说了一次！接下来要找到能让他不断地说的办法。

3/4 不停地说！

如果要让测绘员不停地说，可以在"循环"标签下找相关程序块。如右图所示，单击"循环"标签，第一个就是"无限循环"程序块，拖曳到编程区。

把"mySprite 说……"程序块，从"当开机时"程序块移到"无限循环"程序块里，程序如下图所示。

再回到模拟器，点击方向按键试试。

哈哈，成功了！如左图所示，现在坐标会随精灵的移动而动态变化。

4/4 撒花

单击"精灵"标签，如右图小手所指，找到"mySprite 开启涂鸦特效"程序块，拖曳到编程区，程序如右下图所示。

如下图所示，刚加上的"涂鸦"特效效果不太好，看上去就像测绘员在破口大骂，口水横飞的样子。

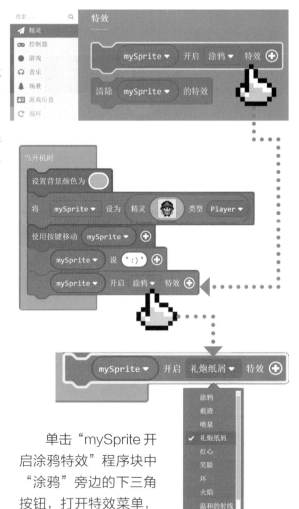

单击"mySprite 开启涂鸦特效"程序块中"涂鸦"旁边的下三角按钮，打开特效菜单，选中"礼炮纸屑"，如右图所示。

如左图所示，现在撒花的效果完美。最后，将最终的程序（如下页图所示）下载到 GameGo 中并体验。

arcade-L5- 坐标
测绘员 .uf2

扫码立即体验游戏
并获取程序

🞥 拓展玩法

现在程序有个缺陷,就是测绘员会跑出屏幕,导致无法再看到坐标。建议对程序做以下改进:

- 设置按键:按下 A 键,即便测绘员跑出屏幕,也能在屏幕内显示坐标;按 B 键让测绘员回到屏幕中间。
- 找到让精灵保持在屏幕中间的程序块。
  自己动手试试吧。

灰袍魔法师考题 5-1

下面的描述哪一句是错误的?

- ☐ A. Arcade 模拟器屏幕的像素尺寸是 160x120 像素
- ☐ B. 使用按键移动精灵的程序块,可以让精灵到达屏幕边界时自动停下
- ☐ C. 使用按键移动精灵的程序块,如果不加限定,精灵会跑出屏幕范围
- ☐ D. 使用让精灵说话的程序块,可以在精灵头顶位置显示文字

06 关　用游戏讲故事：演绎莎翁经典对白

有许多游戏不是通过玩法，而是因为会讲故事而大获成功。本关将学习如何让游戏角色通过简单的文本对话，演绎《罗密欧与朱丽叶》的一段经典对白。

🗨知识点

从《仙剑奇侠传》看游戏中的故事

电子游戏在快速发展，除了明显的技术进步，故事情节的完善也日渐重要。舞台话剧、电影、电视剧等，提供的是一种传统的线性娱乐模式，观众只要坐着观看就可以感受。游戏因为具备可交互性，因而配合讲故事的叙事手法，会带来极强的代入感。

早年在中国流行的角色扮演游戏《仙剑奇侠传》，成功的很大一部分原因就是游戏的故事讲得精彩。在习惯了今天的游戏技术水平的玩家们看来，可能会觉得这个游戏的画质太差。但即便是通过简单的文字表达，游戏依然具备捕获人心的力量。

脚本过场动画

"脚本过场动画"是一种非常简单的过场动画类型，很多游戏都依赖它。如果你想让游戏中的两个角色相遇并交流对话，使用脚本过场动画就是一个不错的选择，这种动画只需要通过游戏引擎展示文字即可实现。如右图所示的《仙剑奇侠传》的对话截图就是脚本过场动画。

任务：演绎《罗密欧与朱丽叶》经典对白

莎士比亚（莎翁）是英国著名的剧作家，他的很多戏剧作品，都是由人物之间的对话构成的（为了适合演员在舞台表演）。这样的内容很符合"脚本"的需求。本任务将选取莎翁的一段戏剧对白，让游戏角色进行对话来演绎剧情。

动手实践

1/5　角色与脚本文案

在浏览器中打开 Microsoft Arcade 平台（具体操作见 00 关）。

在 Arcade 主页新建项目，项目名称为**罗密欧与朱丽叶**。

为了方便大家练习，这里节选了莎翁的名著《罗密欧与朱丽叶》中的一小段对白，接下来使用图库中的两个精灵角色扮演罗密欧与朱丽叶，实现这段对白。

看脚本，需要展示的角色有两个：罗密欧与朱丽叶。

节选自：

《罗密欧与朱丽叶》
第三幕，第二场

作者：莎士比亚
译者：朱生豪

【朱丽叶自上出场】
朱丽叶　罗密欧！
罗密欧　我的爱！
朱丽叶　明天我应该在什么时候叫人来看你？
罗密欧　就在九点钟吧。
朱丽叶　我一定不失信；挨到那个时候，该有二十年那么长久！我记不起为什么要叫你回来。
罗密欧　让我站在这儿，等你记起来告诉我。
朱丽叶　你这样站在我的面前，我一心想着多么爱跟你在一块儿，一定永远记不起来了。
罗密欧　那么我就永远等在这儿，让你永远记不起来，忘记除了这里以外还有什么家。

L6- 罗密欧与朱丽叶 - 对白片段 .txt

请扫描"本书资源"二维码获得本文档。

罗密欧

朱丽叶

2/5　演员登场

在这个场景里，因为是两个人的对话，所以选中一个背向的角色作为罗密欧，一个正面公主形象的角色作为朱丽叶，如左图所示。

设置好背景，请小演员们出场，注意修改变量名，为两个精灵起正确的名字，如下图所示。

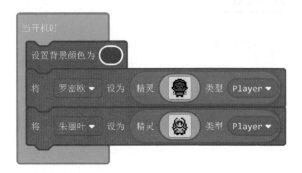

如左图所示，两个精灵被默认放置在屏幕的中央，并重叠在一起。这并非期望的效果，需要调整精灵的位置。

如下图所示，单击"精灵"标签，可以找到"设置 mySprite 的位置为 x 0 y 0"程序块。

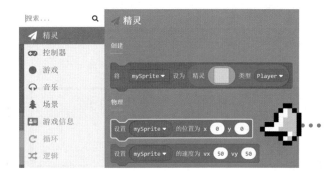

如下图所示，将"设置 mySprite 的位置为 x0 y0"程序块放到设置罗密欧精灵程序块的下面，并选择"罗密欧"作为变量名。因为默认坐标是 (0,0)，所以罗密欧会跑到屏幕的左上角，如左图所示。

单击"设置罗密欧的位置为 x0 y0"程序块中 x 或 y 旁边的输入框，会弹出一个滑动按钮和矩形框，用鼠标在这个矩形区域直接对罗密欧在屏幕的位置定位。期望罗密欧出场的时候站在屏幕下方，面对朱丽叶，就是下图小手指示的位置，单击该位置，可以看到 x 和 y 输入框的值随之改变。

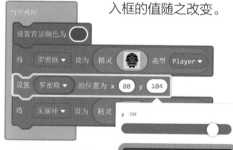

如左图所示，罗密欧站在了期望的位置上。

考虑到罗密欧说话的时候，头上方会有个文本框出现，所以让朱丽叶后退（向上移）几步。程序如下图所示，模拟器效果如左图所示。

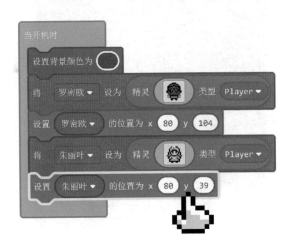

3/5 开始对话

现在小演员已经就位，演出开始，先让他们进行前两句简单的对话，程序如下图所示，模拟器的效果如左图所示。

如下图所示的程序，又添加两句对话后，出现了两个问题，如左图模拟器所示：

■ 只能看到每个角色说的最后一句话，前面的都看不到。

■ 说出的最后一句话不会消失，会一直显示。

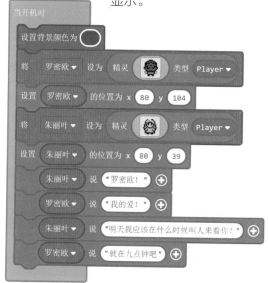

4/5　改进显示问题

前面说的话不显示，可能是因为切换太快，导致无法被看到。如果每说完一句就暂停一会，应该可以解决这个问题。单击"循环"标签，找到"暂停 100 毫秒"的程序块，如左图所示。

如右图所示,现在在每句话的程序块下面,都添加了"暂停2000毫秒"程度块。现在在模拟器里看上去好多了,对话可以交替出现(如下图所示)。但对话只能被覆盖,不会消失,每个演员头上始终都有对话框。

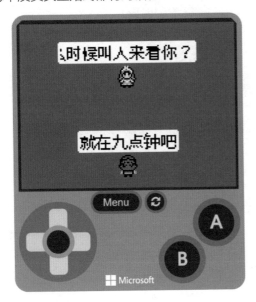

如右图所示,小手所指位置是一个"+"按钮,单击后可以展开进行"持续……毫秒"的设置,应该可以解决对话框无法消失的问题。

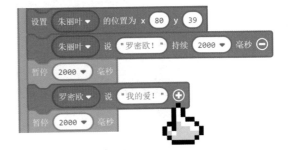

如下图所示，现在为所有语句都添加持续时间，较长的句子持续时间设置为 5 秒，以便用户读完所有内容。现在模拟器里的效果如左图所示，表现完美！

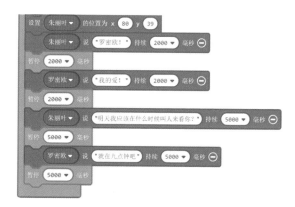

5/5　补充完整对话

接下来要增加后面的一长串对话，可以想象要排一大串程序块上去，有没有更快捷的方法呢？在 03 关的任务 3 中，面对复杂公式时用 JavaScript 可以大大简化编程，这次也切换到 JavaScript 模式看看，如下图所示。

果然简洁得多，如果要添加朱丽叶说的一句话，只要复制两行代码：

朱丽叶.say("罗密欧! ", 2000)
pause(2000)

然后把引号里的文字替换成需要的文字就可以。用这个方法可以快速地把整个对话都编辑好，如右图所示。

```
 1   scene.setBackgroundColor(12)
 2   let 罗密欧 = sprites.create(img` …
19   `, SpriteKind.Player)
20   罗密欧.setPosition(80, 104)
21   let 朱丽叶 = sprites.create(img` …
38   `, SpriteKind.Player)
39   朱丽叶.setPosition(80, 39)
40   朱丽叶.say("罗密欧! ", 2000)
41   pause(2000)
42   罗密欧.say("我的爱! ", 2000)
43   pause(2000)
44   朱丽叶.say("明天我应该在什么时候叫人来看你? ", 5000)
45   pause(5000)
46   罗密欧.say("就在九点钟吧", 5000)
47   pause(5000)
48   朱丽叶.say("我一定不失信", 2000)
49   pause(2000)
50   朱丽叶.say("挨到那个时候", 2000)
51   pause(2000)
52   朱丽叶.say("该有二十年那么长久! ", 5000)
53   pause(5000)
54   朱丽叶.say("我记不起为什么要叫你回来", 5000)
55   pause(5000)
56   罗密欧.say("让我站在这儿", 2000)
57   pause(2000)
58   罗密欧.say("等你记起来告诉我", 5000)
59   pause(5000)
60   朱丽叶.say("你这样站在我的面前", 5000)
61   pause(5000)
62   朱丽叶.say("我一心想着多么爱跟你在一块儿", 5000)
63   pause(5000)
64   朱丽叶.say("一定永远记不起来了", 5000)
65   pause(5000)
66   罗密欧.say("那么我就永远等在这儿", 5000)
67   pause(5000)
68   罗密欧.say("让你永远记不起来", 5000)
69   pause(5000)
70   罗密欧.say("忘记除了这里以外还有什么家", 5000)
71
```

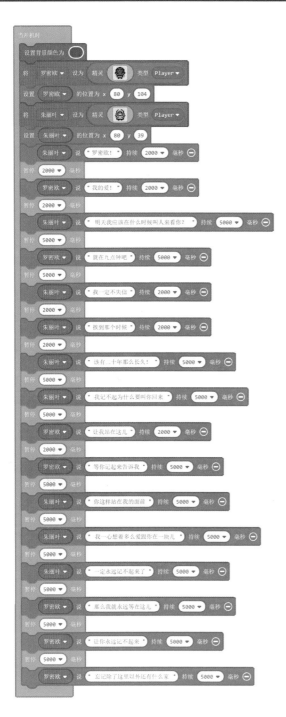

切换回方块模式，整个对话的程序如左图所示。

将最终的程序下载到 GameGo 上体验。

arcade-L6- 罗密欧与朱丽叶 .uf2

扫码立即体验游戏
并获取程序

🔆 拓展玩法...

- 自己创作角色和剧本在 GameGo 上出演。
- 在表演开始时，增加"第三幕，第二场"的提示，让过程显得更加正式。

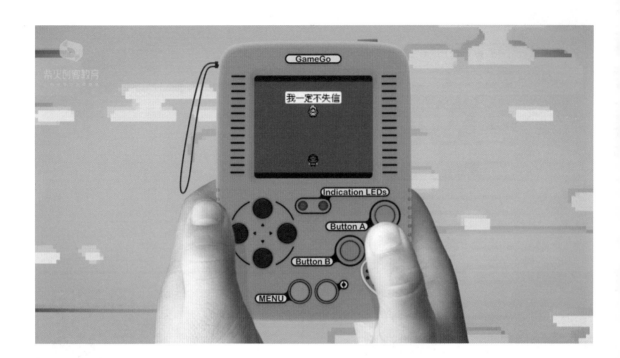

灰袍魔法师考题 6-1

下面的描述哪一句是正确的?

- □ A. 使用"精灵 说 :)"程序块,无法指定显示时间
- □ B. 使用"精灵 说 :)"程序块,可以设置文字内容显示在精灵上方还是下方
- □ C. 设置了精灵的坐标后,设置的按键控制精灵的移动程序就失效了
- □ D. 可以通过设置精灵的坐标,将精灵放置在指定的位置

第03章 运动

小蜜蜂战机的 "手感"

　　操控在游戏中通常是举足轻重的部分，因为大部分游戏需要玩家通过操控来交互。本关将从经典固定射击游戏的鼻祖《小蜜蜂》（Galaxian）中，学习如何为玩家建立 "手感" 良好的游戏操控体验。

🌐 **知识点**

固定射击游戏的鼻祖《小蜜蜂》

　　1979 年，游戏机刚刚开始起步的时候，日本南梦宫 (Namco) 开发了一个固定射击的街机游戏《小蜜蜂》(Galaxian)。那时的游戏画风是下图这样的。玩法很简单，玩家通过摇杆，只能让自己的星际战斗机沿水平方向运动，这也是 "固定射击游戏" 这一叫法的由来。飞机可以躲避敌机的撞击和子弹，玩家可以按键发射子弹，消灭敌机。

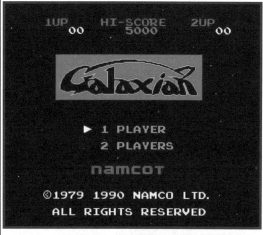

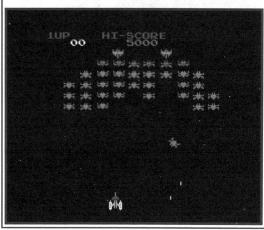

⚑ 任务：为小蜜蜂战机添加按键控制

这个任务将尝试做一个与《小蜜蜂》里的星际战斗机类似的战机，称之为小蜜蜂战机，让战机只能在水平方向运动，并学会调整按键，控制战机运动速度的快慢。不过要让战机开火发射子弹，还要到 12 关才行。

动手实践

1/6　创建小蜜蜂战机并设置初始位置

在浏览器中打开 Microsoft Arcade 平台（具体操作见 00 关）。

在 Arcade 主页新建项目，项目名称为**小蜜蜂 - 方案 1**（在后面的步骤中将实现 3 种方案）。

如右下图所示，将精灵放置到场景中，从图库找到小飞机图标，更换精灵形象，并将精灵的初始位置设为屏幕的中下方。模拟器效果如左下图所示。

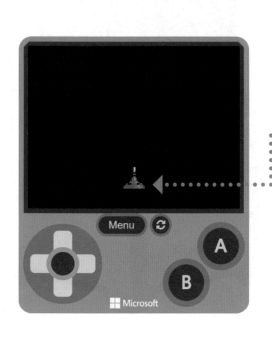

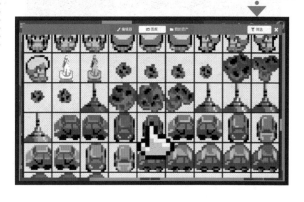

2/6　添加水平方向的按键控制

单击"控制器"标签，可以看到好几个关于按键的程序块。"使用按键移动 mySprite"程序块，可以让精灵朝上下左右各方向跑。

如左下图所示，单机"控制器"标签，拖曳"当按键 A 按下"程序块到编程区。如右下图所示，单击程序块中的"A"旁边的下三角按钮，在展开的下拉列表选中"左"，变成"当按键左按下"程序块。

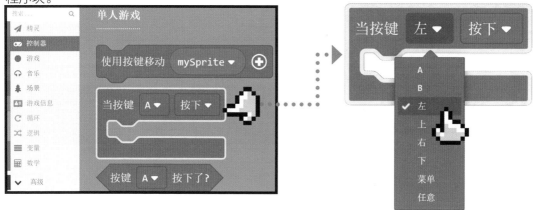

按下左键时，精灵的 x 坐标应减小。如左下图所示，单击"精灵"标签，拖曳"改变 mySprite 的 x 以 0"程序块到"当按键左按下"程序块里。如右下图所示，将"改变 mySprite 的 x 以 0"程序块中的 mySprite 修改为 "小蜜蜂"，并将 x 的值修改为 -1。

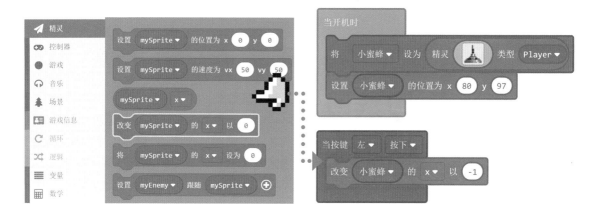

右击"当按键左按下"程序块，在弹出的菜单中选择"重复"，将复制出的程序块修改为"当按键右按下"，并将 x 的值修改 1。如此就实现了按向左键，x 值减 1；按向右键，x 值加 1，程序如下图所示。如左图所示，在模拟器上按左右键体验一下。

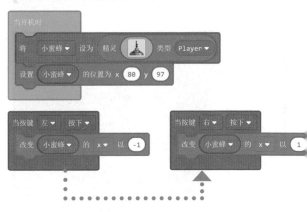

感觉很糟糕：每按一下按钮，小蜜蜂战机只移动了 1 个像素。

整个屏幕宽度是 160 像素，中间位置的 x 坐标是 80，所以从中间移动到两边，要按 80 次按键！

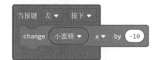

3/6 修改按键的"灵敏度"

究竟每按一次按钮移动多少像素合适呢？可以估算一下从中间移动到两边时期望的按键次数，如果把 x 改成 10 像素，那么移动到两边大致需要按 8 次（参见下页第一幅图），感觉是可以接受的，修改代码如左上图所示。

arcade-L7- 小蜜蜂 - 方案 1.uf2

扫码立即体验游戏并获取程序

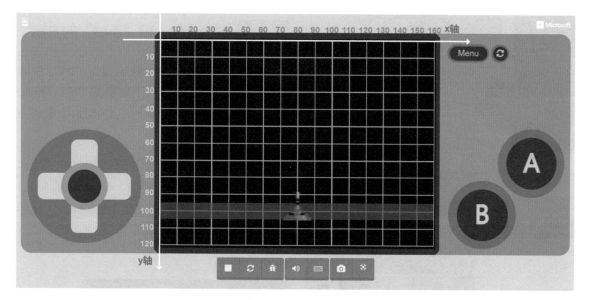

在模拟器上测试,这次感觉按键高效多了。但是又发现一个新问题:战机只能以 10 像素为固定间隔移动,这让玩家很难实施一些精确的控制。

对于打过这类游戏的人来说,大多都期望这样的操作模式,或叫 "手感":

- **点击:** 如果按一下左键,飞机向左移动一小段距离,这个已经实现了。
- **持续按压:** 如果持续按压左键(如下图所示),飞机会向左做加速运动,按键时间越长,移动速度越快。

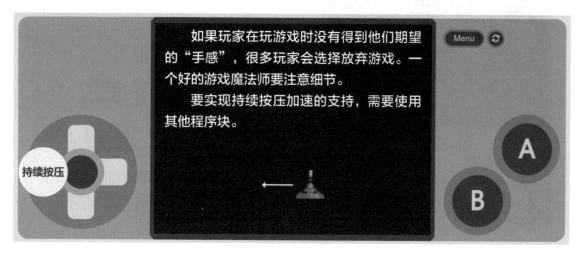

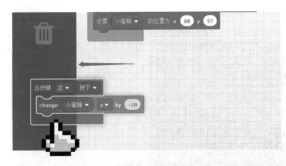

4/6 继续优化，带"手感"的方案

如左图所示，将两个按键设定的程序块向左拖到标签栏，可以激活垃圾桶功能，删除不需要的程序块。将文件名修改为**小蜜蜂－方案 2**。

如左图所示，使用之前课程用过的"使用按键移动 mySprite"程序块，将它拖入编程区。如下图所示，将变量修改为"小蜜蜂"，然后单击变量右边的 "+"按钮。

单击"+"按钮后可以对 vx 和 vy 设定，默认都是 100。因为不期望 Y 轴发生任何变化，所以修改 vy 的值为 0。修改后的程序如下图所示。

如左图所示，在模拟器里尝试点击和持续按压左右键，这次"手感"对了：分别会**移动一小段距离**和**做加速运动**。

5/6　带 "手感" 的另一实现方案

　　游戏中很多功能都有多种实现方法，这一步再介绍一种能实现上一步的 "手感" 的方法。

　　如右图所示，清理掉刚才的"使用按键移动"程序块，将文件名修改为**小蜜蜂 – 方案 3**。

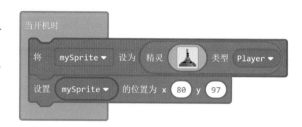

　　在 "精灵" 标签下找到 "改变小蜜蜂的 x 以 0 "程序块，拖曳到小手指示位置，如右图所示。

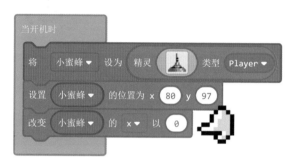

　　如左下图所示，单击 "控制器" 标签，找到小手指示的 "dx(左右)" 程序块，鼠标放在上面会出现一个提示：给定按钮的步长和状态，获得水平移动。拖曳 "dx(左右)" 程序块到右下图所示的位置，替换原来的 " 0 "。

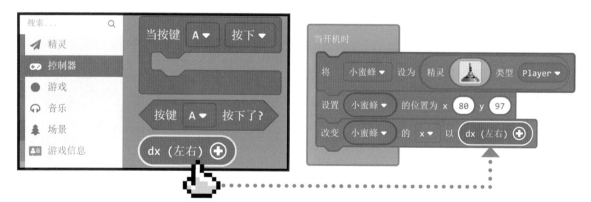

　　在模拟器里点击左右按键做测试，好像不起任何作用，小蜜蜂战机纹丝不动。原因是目前只改变了一次 x 坐标的移动状态。

如左下图所示，单击"游戏"标签，拖曳"当游戏更新时"程序块到编程区。把刚才的程序块"改变小蜜蜂的 x 以 dx(左右)"程序块放入 "当游戏更新时"程序块内，如右下图所示。到模拟器里再试试，现在和上一步实现的"手感"一样了。

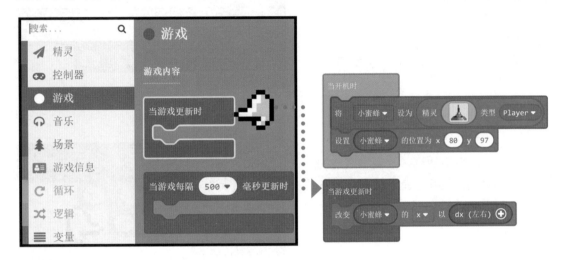

6/6 保持在屏幕中间

现在的战机有个风险：移动到屏幕之外的位置后会消失，有个程序块可以解决这个问题。

如左下图所示，单击"精灵"标签，拖曳"设置 mySprite 保持在屏幕中标志为关"程序块到右下图小手所指位置，然后单击"关"，使之变为 "开"。

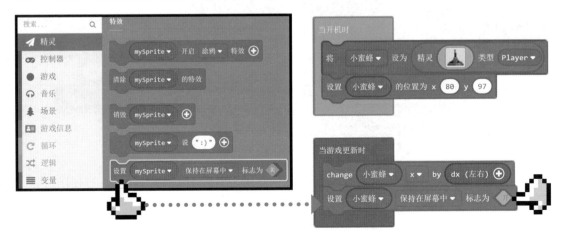

　　再试试看，现在战机到达屏幕的边缘时，会停下来。将程序下载到 GameGo，在掌机上体验手感。

arcade-L7- 小蜜蜂 - 方案 3- 保持在屏幕中 .uf2

扫码立即体验游戏
并获取程序

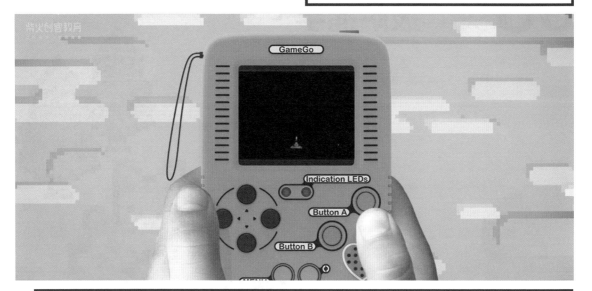

灰袍魔法师考题 7-1

下面的描述中哪些是错误的（多选）？

- □　A. "使用按键移动……"程序块可以单独控制精灵在 x 方向或 y 方向的移动速度
- □　B. "使用按键移动……"程序块无法控制精灵的移动速度
- □　C. 使用 "当按键 A 按下"程序块控制精灵移动，可以实现持续按压便加速的效果
- □　D. 使用 "dx (左右)"程序块也可以做出持续按压便加速的控制效果

08 关 披萨捕手

大部分游戏都包含经典游戏 《吃豆人》(PAC-MAN) 中的 3 种游戏元素：玩家角色 (吃豆人)，豆子等 "食物" 类型的物品，以及 "敌人" 这样的反派角色。本关将学习如何创建 "食物" 和 "敌人"，并让 "敌人" 变得更有威胁。

🌐知识点

《吃豆人》游戏中的食物与敌人

　　有一款非常经典的游戏——《吃豆人》
(PAC-MAN)，是南梦宫 (Namco) 公司在
1980 年发行的街机游戏。《吃豆人》在 20 世
纪 80 年代风靡全球，被认为是最经典的街机游
戏之一，游戏的主角吃豆人的形象甚至被作为一
种大众文化符号，或电子游戏产业的代表形象。
它的开发商南梦宫也把这个形象作为其吉祥物和
公司的标志，一直沿用至今。

　　游戏的玩法就是控制吃豆人吃掉藏在迷宫
内的所有豆子，并且不能被幽灵抓到。

　　本关将学习如何实现这个经典游戏中的两
个重要元素：食物与敌人，这也是大多数游戏中
最常见的两种元素，把握好食物和敌人的设定，
对一个游戏魔法师来说是非常重要的基本功。

　　在本关中，有 3 个递进的任务。

　　任务 1：学会如何让小狗 "吃" 披萨。

　　任务 2：增加一个不会动的幽灵，如果小狗
碰到幽灵，生命值就减一，幽灵再生。

　　任务 3：在任务 2 的基础上，为幽灵添加"跟
随"效果。

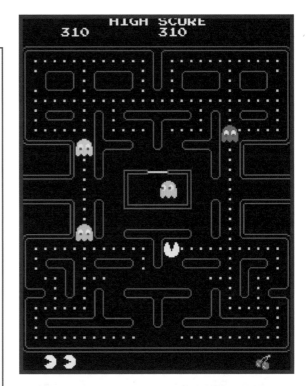

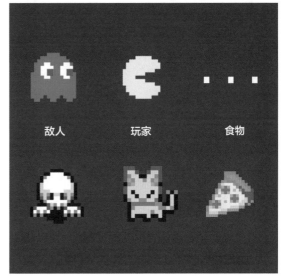

敌人　　玩家　　食物

🏳 任务1：让小狗"吃"披萨

学会如何让小狗"吃"披萨。

动手实践

1/4　放置小狗和披萨

在浏览器中打开 Microsoft Arcade 平台（具体操作见 00 关）。

在 Arcade 主页新建项目，项目名称为**披萨捕手 -1**。

首先设置背景色，然后向编程区添加两个精灵，把其中的一个命名为小狗，另一个命名为披萨。然后从图库分别选出小狗和小披萨的图案，并将披萨的精灵类型设置为"Food"，程序如右下图所示。

此时小狗和披萨会重叠在默认位置——屏幕中央，如左下图所示。

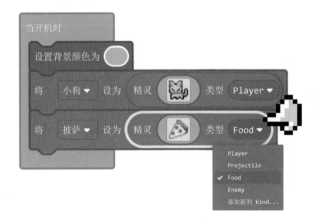

2/4 添加生命值，设置初始位置

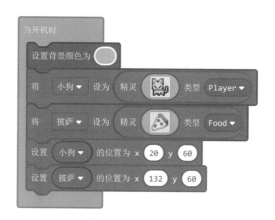

修改小狗和披萨的位置，让它们分别置于屏幕的左右两边，程序如右图所示，效果如下图所示。

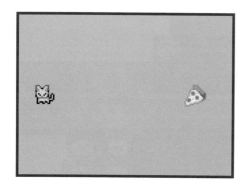

单击"游戏信息"标签，找到"设置生命值为3"程序块，如右图所示，拖曳添加到程序底部（如右下图所示）。

如下图小手所指，现在屏幕上多了3条命的图标。期望实现的是，如果小狗吃到一块披萨，就增加一条命。

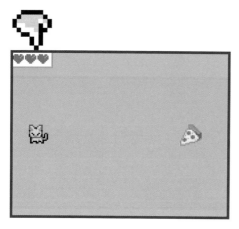

3/4 小狗的移动控制

　　单击"控制器"标签，添加"使用按键移动 mySprite"程序块，修改变量 mySprite 为"小狗"，如右下图所示。模拟器效果如左下图所示，现在可以使用方向按键，控制小狗走到披萨的位置，但它们只会重叠在一起，披萨还无法被吃掉。

4/4 让小狗"吃掉"披萨

　　当小狗碰到披萨的时候，期望实现的是披萨消失，小狗的生命值加 1。单击"精灵"标签，可以找"当 sprite 类型 Player 与 otherSprite 类型 Player 重叠时"程序块，如下图所示，拖曳放入编程区。

如下图所示，在下拉菜单中选择第二个类型"Food"。

如右图所示，单击"精灵"标签，找到"销毁 mySprite"程序块，拖曳到刚才添加的重叠事件程序块内。

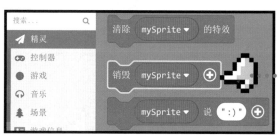

如下图所示，将销毁的精灵对象修改为"披萨"。如左图所示，在模拟器测试一下，让小狗走到披萨位置，现在小狗可以吃掉披萨了，但生命值没有增加。

如下图所示，单击"游戏信息"标签，找到"生命值增加 -1"程序块。拖曳并吸附在"销毁披萨"程序块下面，并将 -1 修改为 1，程序如右图所示。

如下图所示，在模拟器中测试，预期效果达到，小狗吃到披萨，生命值增加。

arcade-L8- 披萨捕手 -1.uf2

扫码立即体验游戏
并获取程序

🏁 任务2：添加要命的幽灵

在上一个任务的基础上，增加一个不会动的幽灵，如果玩家碰到幽灵，生命值便会减 1，而且幽灵会再生。

动手实践 ....

1/2 添加"敌人"——幽灵

继续使用上个任务的程序，将项目名称修改为**披萨捕手 -2**。

如右图所示，Arcade 图库里提供了幽灵的图案，可以直接拿来用，如果有特殊要求，可以自己画。

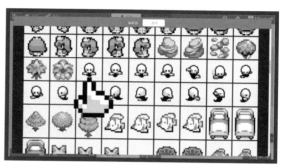

如右图所示，增加幽灵精灵到场景里，注意要新增变量并修改变量名为 "幽灵"，将幽灵的类型设置为 "Enemy"。

如下图所示，修改幽灵的位置，让它稍稍靠近披萨，成为一个披萨的守护者。现在，当小狗碰触幽灵的时候，还不会发生什么。

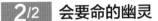

2/2　会要命的幽灵

期望小狗碰到幽灵，生命值减 1。可以复制小狗和披萨重叠的程序块并修改。

如右图所示，在"当 sprite 类型 Player 与 otherSprite 类型 Food 重叠时"程序块上右击，在弹出的下拉菜单中选择 "重复"。

如右图所示，在复制的程序块里，将原来的"Food"修改为"Enemy"。

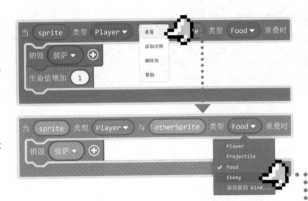

现在程序如右图所示，模拟器效果如下图所示，当小狗碰触幽灵的时候，生命值会被减 1，同时幽灵消失。

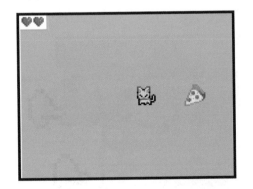

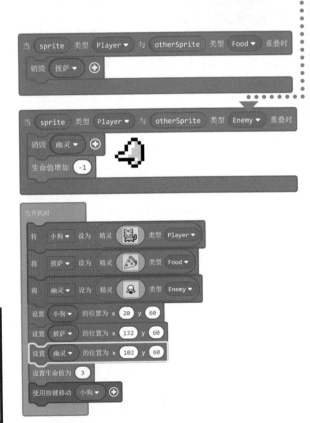

arcade-L8- 披萨捕手 -2.uf2

扫码立即体验游戏
并获取程序

任务3：添加会跟随的幽灵

完成任务 2 后，游戏虽然有了"食物"和"敌人"，但完全说不上好玩，因为没有挑战。幽灵只是傻傻地站在那里，并不构成威胁，这个任务将学习让幽灵具备跟随能力。

动手实践

1/3　为幽灵添加跟随能力

请继续使用任务 2 的程序，将项目名称修改为**披萨捕手 -3**。

如右图所示，单击"精灵"标签，找到"设置 myEnemy 跟随 mySprite"程序块，将它拖曳到"当开机时"包含的程序块的末尾位置。

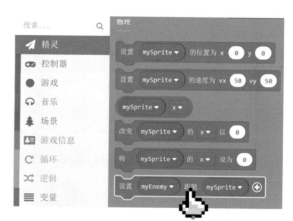

如右图所示，修改箭头所指程序块的两个变量名后，程序块变成"设置幽灵跟随小狗"。

如下图所示，刚完成设置，就能看到，幽灵几乎是"急速"扑向小狗，然后消失，并让小狗的生命值减 1。需要调整一下幽灵跟随的速度。

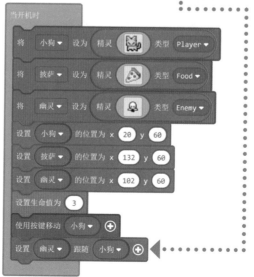

单击"设置幽灵跟随小狗"程序块右边的"+"号，将默认速度从 100 修改为 10，如右图所示。

如下图所示，现在幽灵的速度慢多了，玩家可以从容应对。

2/3　让消失的幽灵再次复活

现在小狗有 3 条命，幽灵只有一个，我们增加难度，让消失的幽灵再次复活。

在任务 2 中，当小狗碰到幽灵时，幽灵会消失。要让幽灵复活，一个做法是让它在被碰触后先隐藏起来，间隔两秒后再从披萨旁边的位置显示出来。现在需要一个合适的程序块来完成这个功能。

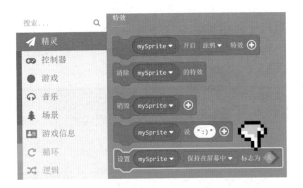

单击"精灵"标签，可以找到一个带开关的程序块"设置 mySprite 保持在屏幕中标志为关"，如右图所示。

如左图所示，用第一个小手指示的程序块替换之前"销毁幽灵"程序块，在下拉菜单中选择"不可见"（如第二个小手指示），并将标志设置为"开"。

如左图所示，在模拟器里测试，会发现小狗一碰到幽灵，就会 Game Over ! 怀疑是幽灵的位置始终保持和小狗的位置重叠，所以导致被秒杀。

解决方案是：在小狗和幽灵重叠后，添加 1 秒的暂停；然后让幽灵再次可见，并重新定位到之前出生的位置。修改后的程序如下图所示。

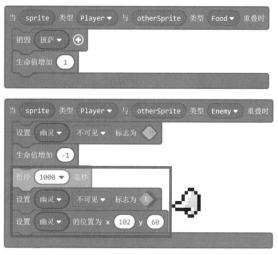

如左图所示，在模拟器上测试，现在达到预期了，小狗需要在 3 条命用完之前吃到披萨，沿路要摆脱跟随的幽灵。

3/3　添加音效更带感

当小狗碰到幽灵丢失一条命时，或者小狗吃掉披萨增加一条命时，现在的程序只能看到代表生命值的红心数量变化，并无其他反馈。此时如果能添加一点音效，效果会好很多。如右图所示，在 Arcade 中添加音效很简单，单击"音乐"标签，使用第一个程序块"播放 ba ding"就可以实现。

如右图所示，可以通过下拉菜单选择不同的音效。如下图所示，在生命值增加的地方（吃掉披萨时），播放 power up 音效；在生命值减少的地方（碰到幽灵时），播放 power down 音效。现在效果完美，感受好多了。最终程序如下图所示。

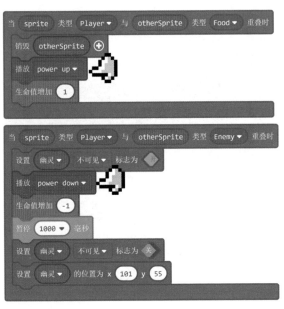

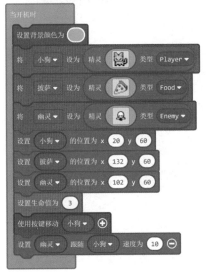

将最终的程序下载到 GameGo 上进行体验。　拓展玩法

arcade-L8- 披萨捕手 -3.uf2

扫码立即体验游戏
并获取程序

尝试设计更高难度的玩法，比如：

- 在场景里加多几个幽灵
- 为幽灵设置不同的速度

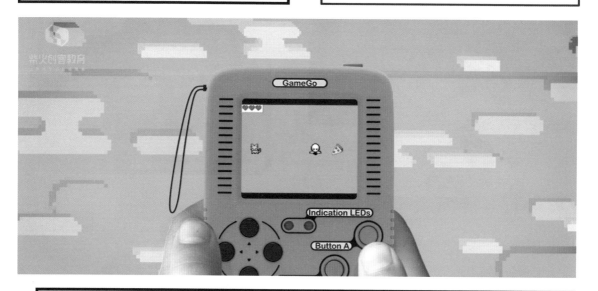

灰袍魔法师考题 8-1

下面的描述中哪几项是正确的（多选）？

- ☐　A. 精灵可以随意被显示、隐藏、设置位置或销毁
- ☐　B. 除了需要在游戏里设置敌人、食物，更重要的是要给玩家以挑战
- ☐　C. 精灵可以被设置成不同的类型，比如玩家、敌人或食物等
- ☐　D. 精灵 "碰撞" 本质上是坐标重合了

09 关 充满"随机"的游戏人生

"随机"几乎在游戏里无处不在,这种开发者刻意制造的不确定性,让游戏变得更有吸引力。
本关将学习如何通过生成随机数,实现位置、背景色等的随机效果。

🌐**知识点**

游戏里的 "随机"

　　几乎所有的游戏都会用到"随机"这个概念。
　　如右图所示,《守望先锋》(Overwatch)游戏的开箱就是一个随机的典型应用,玩家永远不知道打开宝箱会有什么样的惊喜等着他,"随机"会给玩家带来好运气或坏运气。

　　如右图所示是风靡全球的"吃鸡"游戏《绝地求生》(Playerunknown's Battlegrounds),上百名玩家虽然每次都是在同样一块地图里厮杀,但各个角落里散落的武器和装备也是随机的,这种不确定性带来了更多的乐趣和可能性。

　　"随机"除了给玩家带来各种运气,还被很多游戏用于让游戏显得更"自然"。例如搭建地图和场景,放置花花草草和各种装饰物,甚至用"随机"技术构建整个地图。
　　在暴雪公司 1996 年推出的动作 RPG 经典游戏《暗黑破坏神》(Diablo) 里,玩家需要不断深入一层层的地牢,每当进入新一层的时候,游戏会随机生成那一层的地图。这使得很多玩家在通关后,依然愿意再重来一遍,因为地图是全新的,怪物和宝藏的位置都发生了变化,如右图所示。

对于一个游戏魔法师来说，"随机"是让游戏变得更有趣的法宝之一。这一关将学习：

■　如何产生随机数。

■　用随机数来控制坐标，让精灵随机出现在屏幕的不同位置。

■　把 08 关"披萨捕手"的游戏完整地升级，让披萨每次被吃掉后，在屏幕上随机出现一块新披萨，当然，怪物的出现也将是随机的。

⚑ 任务1：神呐，给我一个数字吧

先看看，在 Arcade 中是如何产生随机数的。

单击"数学"标签，可以找到"选取随机数，范围为 0 至 10"程序块，如右图所示。请编写一个小程序，让它显示获得的随机数。

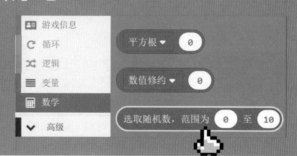

动手实践

1/3　添加随机数变量

在浏览器中打开 Microsoft Arcade 平台（具体操作见 00 关）。

在 Arcade 主页新建项目，项目名称为**显示随机数**。

单击"变量"标签，再单击"设置变量"按钮，创建变量"随机数"。然后拖曳"将随机数设为 0"程序块到"当开机时"程序块内，如右图所示。

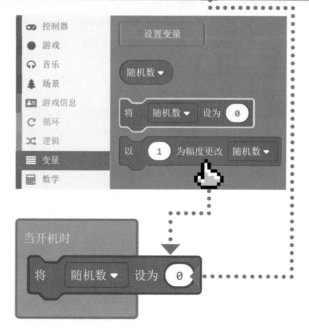

　　如右图所示,用"选取随机数,范围为 0 至 10"程序块替代"将随机数设为 0"程序块中的"0",这时候,"随机数"变量应该已经获得了一个随机数值,只是我们还无法看到。

2/3　显示随机数

　　要同时显示文本和数字,可以利用 03 关学到的知识。先添加"游戏"标签下的"显现"程序块,然后使用"文字"标签里的"组合字符串……"程序块。有了组合字符串,就可以同时显示文字和数值变量了。下图是完成的程序,左图模拟器显示了随机数的值。

3/3　进行随机数实验

　　如下图所示,只需稍加改动就可以实现按 A 键显示随机数的需求。将范围修改为 -10 至 10,再尝试多按几次 A 键,看看随机数的结果。

　　完成后将程序下载到 GameGo 上体验效果。

arcade-L9- 显示随机数 .uf2

扫码立即体验游戏
并获取程序

⚑ 任务2：随机出现的披萨

在 08 关"披萨捕手"里，为披萨设置了一个固定的起始位置。现在，请利用刚刚学到的随机数实现这样的功能：按下 A 键，让披萨随机出现在屏幕的某个位置。

动手实践

1/3   添加披萨

在浏览器中打开 Microsoft Arcade 平台（具体操作见 00 关）。

在 Arcade 主页新建项目，项目名称为**随机出现的披萨**。

首先设置背景色，然后添加精灵，并从图库里选出小披萨的图案，程序如右下图所示。现在小披萨已经出现在模拟器的中间位置，如左下图所示。

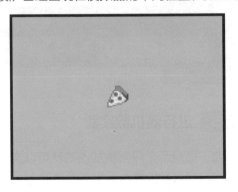

2/3   随机放置披萨

将变量名 mySprite 修改为"披萨"，单击"精灵"标签，找到"设置披萨的位置为 x 0 y 0"程序块，拖曳添加到编程区，如右图所示。

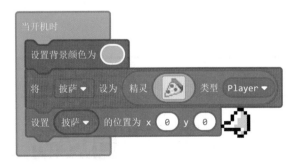

单击"数学"标签，找到"选取随机数，范围为 0 至 10"程序块，分别用该程序块取代原来 x 和 y 坐标的 0 值。

Arcade 模拟器的屏幕分辨率是 160×120，可以此设置 x 和 y 的随机数范围，如左图所示。

在模拟器上通过不断单击复位按钮，可以看到披萨随机出现在不同位置的效果，如左图所示。

3/3　添加按键重置功能

单击"控制器"标签，找到"当按键 A 按下"程序块。然后将设置披萨位置的程序块移到"当按键 A 按下"程序块内，整个练习就完成了。

最终的程序如左下图所示，现在在模拟器中单击 A 键可以看到披萨位置随机变化的效果。完成后将程序下载到 GameGo 上体验效果。

arcade-L9- 随机出现的披萨 .uf2

扫码立即体验游戏
并获取程序

任务3：随机更换背景色

这个任务教大家一个隐藏小窍门：除了可以随机安排精灵的位置，还可以随机更换背景颜色。

动手实践

1/3　研究背景色的秘密

在浏览器中打开 Microsoft Arcade 平台（具体操作见 00 关）。

在 Arcade 主页新建项目，项目名称为**随机背景色**。

单击"场景"标签，找到并添加"设置背景颜色为"程序块，任选一个颜色，如右图所示。

在编程界面顶部切换到 JavaScript 按钮，如下图所示。

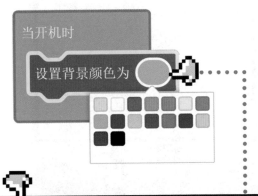

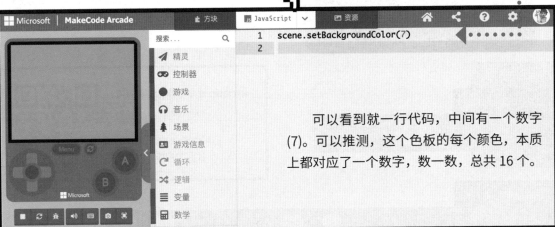

可以看到就一行代码，中间有一个数字（7）。可以推测，这个色板的每个颜色，本质上都对应了一个数字，数一数，总共 16 个。

2/3　尝试随机设置颜色数

在编辑器顶部单击"方块"按钮切换回图形化编程模式。尝试将"选取随机数，范围为0 至 10"程序块拖曳到原来的椭圆颜色框里，发现真的能放进去。

将随机数的范围修改为 0 至 15，程序如下图所示。马上可以看到模拟器背景色发生了变化，如左图所示。单击几次复位按钮，看看颜色变化的效果。

3/3　添加按键重置功能

单击"控制器"标签，找到"当按键 A 按下"程序块。然后将设置披萨位置的程序块移到"当按键 A 按下"程序块内。

再使用"显现"程序块添加文字提示：**按A 键开始随机更换背景色**。最终的程序如下图所示。模拟器效果如左图所示，在模拟器中单击几次 A 按键，看看背景色是否随机变化。

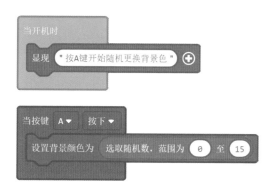

最后，将程序下载到 GameGo 上体验。

 拓展玩法

arcade-L9- 随机背景色 .uf2

扫码立即体验游戏
并获取程序

　　修改 08 关的程序: arcade-L8- 披萨捕手 -3.uf2 ，当玩家吃掉一个披萨后，在屏幕的随机位置产生一个新披萨，并随机更换背景颜色。

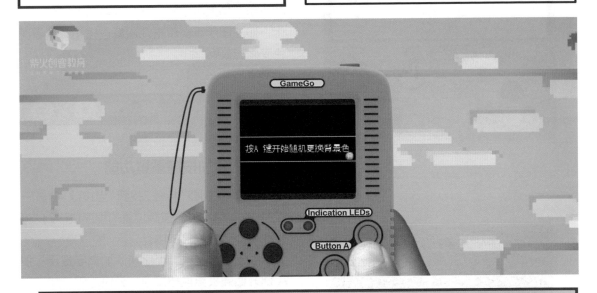

灰袍魔法师考题 9-1

下面关于"随机"的描述错误的是？

☐　A. 游戏里大量使用"随机"功能，用来给玩家制造运气或让游戏显得更加自然

☐　B. 可以通过随机生成范围内坐标的方式，让精灵出现在指定区域

☐　C. 除了将精灵的位置设为随机的，还能将颜色设为随机的

☐　D. "获取随机数"的程序块只能产生正数，无法产生负数

10 关　从原型到完整作品：披萨捕手 2.0

　　对一个游戏创作者来说，把一个简单构想，变成可以玩的游戏是一项基本能力。本关重点探讨如何通过建立"游戏原型"和在原型上"迭代"，快速开发出能玩的游戏。08 关"披萨捕手"的项目将作为最初版本的原型，在此基础上进行迭代改进，以此来体验这个过程。

知识点

独立游戏开发指南

做一个完整的游戏，通常遵循下面几个步骤：

创意 >

初期需要把想法的要点记录下来，找到对这个想法感兴趣的小伙伴去交流，找出那些有价值和能打动人的想法。然后把要实现的想法，按照功能要求逐条罗列出来。

原型 >

学会"快速"搭建游戏原型——MVP。原型的意义重大，能帮游戏设计者快速检视创意是否真的好玩。

对于原型的意义，有一个很赞的小视频，可以给读者一些启示。请扫描封底"本书资源"二维码，找到"制作你的第一款游戏"的链接，观看视频。

迭代

完成游戏原型后，剩下的就是在这个基础上不断地去完善和丰富它。这个过程需要持续进行。但游戏设计者可以设定阶段性目标，把计划分成多个版本，这样在每个版本完成后，可以找小伙伴进行测试，发现其中的问题，改进并逐步添加新的内容。

⚑ 任务：披萨捕手2.0——体验原型的迭代

08 关"披萨捕手"最终实现的程序 (arcade-L8-披萨捕手-3.uf2)，可以视作一个最原始的游戏原型。现在准备在这个游戏的基础上做升级，让它变得更好玩和有趣一些。为了区分，把这次升级后的游戏命名为"披萨捕手 2.0"。下面是计划改进的功能列表：

- 开局时，让小狗随机出现在屏幕的左半边，幽灵和披萨随机出现在屏幕的右半边。
- 披萨被吃掉或幽灵因为碰撞被销毁后，会在全屏范围内再随机生成。
- 游戏增加 1 分钟倒计时，倒计时结束或生命值为零时游戏结束。
- 游戏增加得分，玩家每吃到 1 个披萨得分加 1。
- 添加游戏名称的展示。

有了上面这些改进，这个游戏基本上就是完整的了。

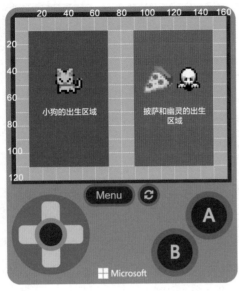

动手实践

1/4 为开局 3 个角色设置随机位置

加载 08 关任务 3 的程序：**arcade-L8-披萨捕手 -3.uf2**，并修改项目名称为**披萨捕手 2.0**。

如左图所示，为了避免小狗的随机出生点和披萨或幽灵重合，所以对 3 个角色的出生区域做一个简单的规划：出生点要避免太靠近屏幕边缘而难以被发现，食物和敌人在屏幕的右半边出生，小狗在左半边出生。根据规划图可列出出生区域的范围是：

- 小狗：x(10~70)，y(10~110)
- 披萨和幽灵：x(90~150)，y(10~110)

单击"数学"标签，找到"选取随机数，范围为 0 至 10"程序块，添加到 3 个角色初始位置的坐标设置处，修改后的程序如左图所示。在模拟器中多按几次复位按钮，可以看到结果符合预期，3 个角色在指定区域的随机位置重生。

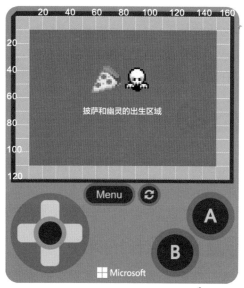

2/4 重生角色的随机位置设置

如果幽灵和披萨被碰撞或被吃掉，便会重生，重生区域为整个屏幕，但不要太靠边缘，因而把重生范围设置为 x(10~150)，y(10~110)，如左图所示。

如下图所示，先看幽灵与小狗重叠时的程序。

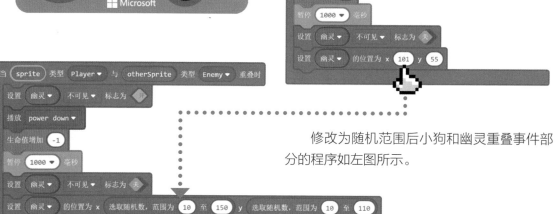

修改为随机范围后小狗和幽灵重叠事件部分的程序如左图所示。

如左图所示，在小狗和披萨重叠的程序里，现在还是直接销毁披萨，可以参考小狗和幽灵重叠事件部分的模式进行修改。

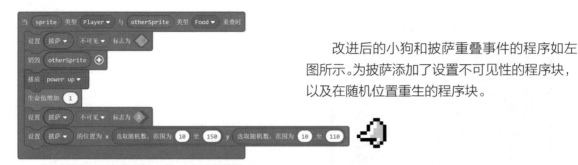

改进后的小狗和披萨重叠事件的程序如左图所示。为披萨添加了设置不可见性的程序块，以及在随机位置重生的程序块。

如左图所示，在模拟器中试试看，披萨和幽灵的重生都达到预期效果了。

3/4 添加倒计时和得分

现在实现游戏玩法的基本功能都有了，但缺乏目标和约束，所以还不完整。需要进一步添加倒计时和得分功能，之前吃披萨会增加生命值，现在要修改为增加得分。

如左图所示，单击"游戏信息"标签，找到 "设置得分为 0"程序块和 "开始倒计时 10(秒)"程序块，并修改倒计时的时间为 60 秒。

如左图所示，修改小狗和披萨重叠部分的程序块，将"生命值增加 -1" 程序块删掉，换成"得分增加 1" 程序块。

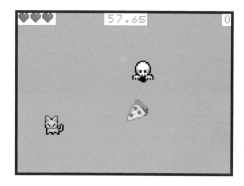

现在在模拟器里测试，感觉已经是个有模有样的游戏了。

4/4　添加游戏封面和作者名

做游戏时，要考虑游戏的完整性，好游戏要有头有尾。游戏已经有了"GAME OVER！"作为结束界面，还缺少封面和作者，现在补上。只需添加一个"显现"程序块即可，如下图所示。

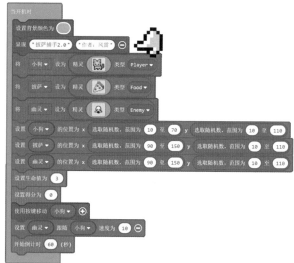

最后，将程序下载到 GameGo 上体验。

arcade-L9- 披萨捕手 2.0.uf2

扫码立即体验游戏
并获取程序

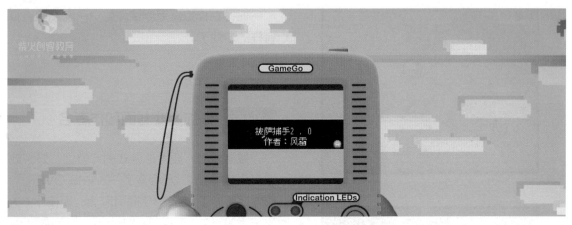

🜨 拓展玩法

规划并实现"披萨捕手 3.0",让迭代继续。一些可能的参考如下:

- 尝试增加 2 个或更多的幽灵或披萨。
- 当玩家每吃一个披萨的时候,就更换一种背景色,以示庆祝。
- 当玩家在吃到披萨或碰到幽灵的时候,增加特效。
- 增加难度后,在倒计时结束时,对剩余的生命值给出额外奖励,比如剩余 1 点生命值,增加 10 分的奖励。

灰袍魔法师考题 10-1

下面关于游戏开发的正确描述有哪些?(多选)

- ☐ A. 因为能力和资源限制,刚开始尝试做游戏时,不要把目标定得过高或过大
- ☐ B. 要用最简单的方式、最快的速度做出可玩的原型
- ☐ C. 个人开发者应该志存高远,入门时就要把目标定高些,向大作看齐
- ☐ D. 优秀作品都是一步到位的,不需要迭代

第 04 章 开火!

11 关 伟大的循环：化繁为简

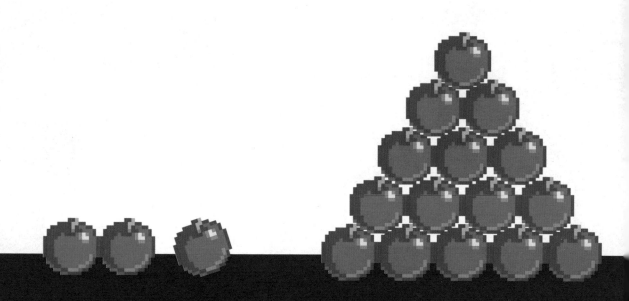

　　游戏中会大量用到一些重复结构，比如整齐的怪物阵列，每隔几秒钟就会向你发射子弹的 Boss，等等。这些重复结构，在编程上大多是通过"循环"实现。本关将学习如何用循环，让码苹果方阵这样的事情变得更简单优雅。

🚩 任务1："手工"码出苹果阵列

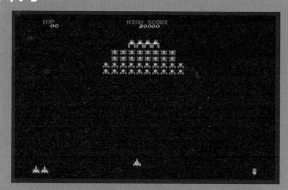

　　07 关介绍过经典游戏《小蜜蜂》，游戏中的怪物阵列很多是有规律可循的，如右图所示。如果自己做这个游戏，要实现类似的阵列，该怎么做呢？

　　下面看看如果不借助循环，怎么用程序块逐个码出个简单的 5×3 的苹果阵列。

动手实践

1/2　确定阵列中每个苹果的坐标

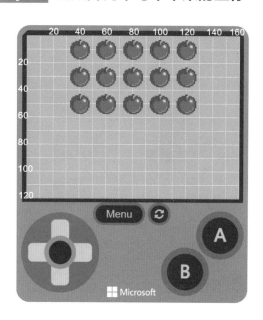

　　在浏览器中打开 Microsoft Arcade 平台（具体操作见 00 关）。

　　在 Arcade 主页新建项目，项目名称为**苹果矩阵 5×3-1**。

　　下面看看如何在屏幕上码出一个 5×3 的苹果阵列，如左图所示，借助坐标网格可以把苹果阵列转换成一个坐标列表。如下图所示，括号里的数值为每个苹果的 x 轴数值和 y 轴数值。

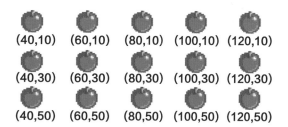

(40,10)　(60,10)　(80,10)　(100,10)　(120,10)

(40,30)　(60,30)　(80,30)　(100,30)　(120,30)

(40,50)　(60,50)　(80,50)　(100,50)　(120,50)

2/2　根据坐标逐个放置苹果

　　参考右图所示的程序,使用最原始的坐标放置的方法,逐个将每个苹果添加为精灵,并按刚才的坐标列表设置每个苹果的坐标。模拟器的效果如下图所示。

　　有没有一个更简洁的方式来实现这个阵列呢? 当然有,那就是——循环。

arcade-L11- 苹果矩阵 5×3-
1.uf2

扫码立即体验游戏
并获取程序

任务2：用循环实现5×3的苹果矩阵

这个任务将使用"循环"实现任务 1 的苹果矩阵。

动手实践

1/2 **用循环实现第 1 行苹果**

在浏览器中打开 Microsoft Arcade 平台（具体操作见 00 关）。

在 Arcade 主页新建项目，项目名称为**苹果矩阵 5×3-2**。

通过上一个任务可以看到，第一行苹果的坐标如右下图所示：

(40,10)　(60,10)　(80,10)　(100,10)　(120,10)

这些苹果的 y 坐标都是 10，只是 x 坐标不同，依次相差 20。可以想象，如果有一个循环，可以实现放置 5 次苹果，每次的 y 坐标相同，x 坐标从 40 开始，依次递增 20，就能达到目标。

首先在 (40, 10) 的位置放置第 1 个苹果，程序如下图所示，模拟器的效果如左图所示。

如左图所示，单击"循环"标签，找到"重复 4 次 执行……"程序块。将程序块拖入"当开机时"程序块内，修改重复次数为 5 次，然后重新调整程序块的布局，如下图所示。

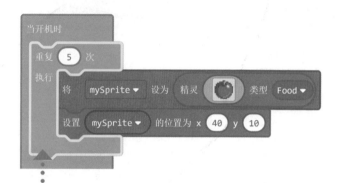

因为目前 5 个苹果的坐标一样，所以它们会叠放在一起。在左图所示的模拟器中，看起来还是 1 个苹果。

如下图所示，新增一个叫 stepx 的变量[1]，作为 x 坐标的增幅变量。

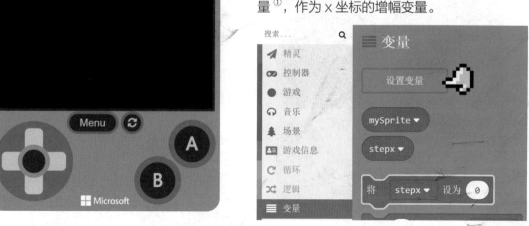

① 可参阅第 48 页"设置变量"的内容。

单击"数学"标签，添加一个"0 + 0"程序块[1]，用来替代 x 坐标的 40，现在 x = 40 + stepx。增加一个变量运算的程序块，让每次循环时，stepx 都自动累加 20，如下图所示。

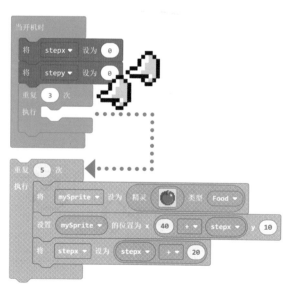

如左图所示，现在在模拟器中已经能看到 5 个苹果了。

2/2　用循环嵌套实现 3 行苹果的效果

要实现 3 行苹果，方法和上面的类似，只是在 y 轴方向，每完成一行后 y 值递增 20。

先添加 stepy 变量，然后添加"将 stepy 设为 0"程序块。

这次将使用循环嵌套，就是循环里套着另一个循环。先将原来的"重复 5 次执行"程序块及其所包含的程序块整个从"当开机时"程序块里取出，放入新增的重复程序块，并修改次数为 3 次，现在程序如左图所示（变灰的程序块代表当前为不可用状态）。

---

① 可参阅第 49 页"计算的实现"的内容。

将"重复 5 次执行"程序块整体放入新增的"重复 3 次执行"程序块内部，现在相当于第 1 行放了 15 个苹果（3 × 5 次），程序如下图所示，模拟器效果如左图所示。

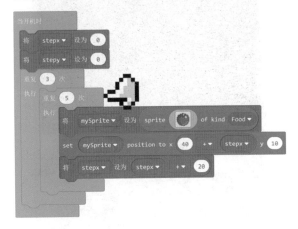

接下来，对放苹果的 y 坐标，也添加 y = 10 + stepy 的运算，并在"重复 5 次"循环结束后，让 stepy 累加 20，程序如下图所示。

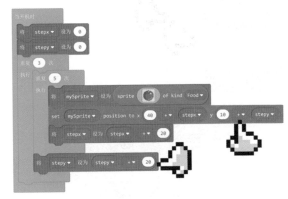

如左图所示，现在看到第 2 行苹果已经出现，只是起始位置不对。

在每行结束的时候，只需要把 setpx 重置为 0。最终的程序如下图所示，模拟器效果如左图所示。

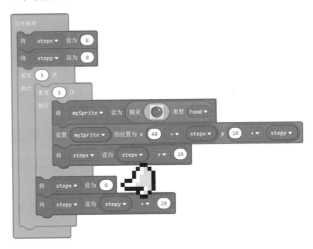

arcade-L11- 苹果矩阵 5×3-2.uf2

扫码立即体验游戏
并获取程序

和任务 1 中的长程序相比，这个程序简洁得多。如果想再追加 3 行，只需要把循环里的 3 修改为 6 即可，程序修改如下图所示，模拟器效果如左图所示。

🏴 任务3：用带有index的循环实现苹果矩阵

实现循环的方法有很多，这里再介绍一种使用循环内部索引值 index 的方法。

动手实践

1/2 使用 index 实现第 1 行苹果的摆放

在浏览器中，打开 Microsoft Arcade 平台（具体操作见 00 关）。

在 Arcade 主页新建项目，项目名称为**苹果矩阵 5×3-3**。

如右图所示，单击"循环"标签，找到"对于从 0 至 4 的 index 执行……"的程序块，这个程序块的作用是，当index取从 0 到 4 的值时，循环执行嵌入该程序块中的程序 5 次。index 的值能够反映出循环到第几次了。每次循环时，用 index 的值乘以变量 step 的值（代表相邻苹果的间隔距离），就可以获得下一个苹果的 x 坐标值。

设置新变量 step[①]。把"将 step 设为 0"程序块拖曳到编程区，并设置 step 的值为 20，作为循环的递增量。

单击"循环"标签，找到并添加"对于从 0 至 4 的 index 执行……"程序块。

和任务 2 一样，先在 (40,10) 位置放置第 1 个苹果，程序如右图所示。

----

① 可参阅第 48 页"设置变量"的内容。

如下图所示，添加运算公式，让苹果的 x 坐标 = 40 + index × step。

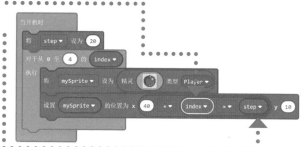

模拟器效果如左图所示，现在有了第 1 行的 5 个苹果。

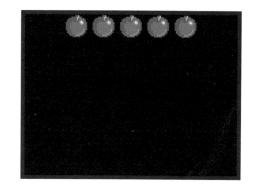

2/2　实现 3 行苹果

如左下图所示，设置一个新变量 indexy，作为行循环的索引。新增一个带有 index 的循环程序块，将循环的 index 使用新增的 indexy 替换，并设置循环为从 0 至 2。将原来的第一行循环暂时移出"当开机时"程序块，如下图所示。

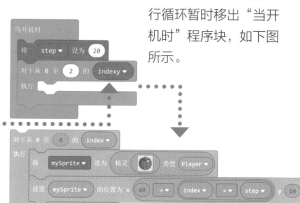

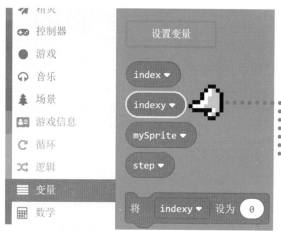

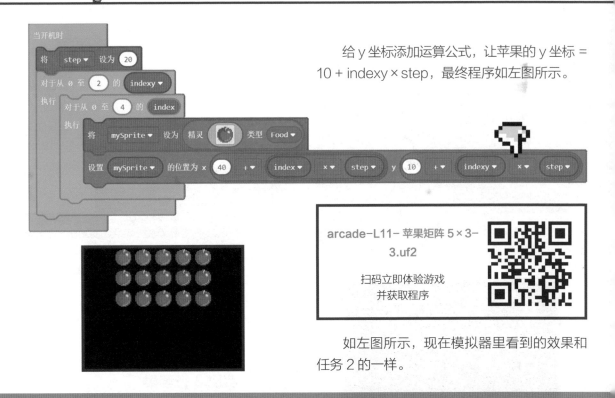

给 y 坐标添加运算公式，让苹果的 y 坐标 = 10 + indexy × step，最终程序如左图所示。

arcade-L11- 苹果矩阵 5×3-3.uf2

扫码立即体验游戏
并获取程序

如左图所示，现在模拟器里看到的效果和任务 2 的一样。

任务4：利用循环随机放置苹果

有了上面的经验，现在想一次性让 10 个苹果随机分布在屏幕上，就容易多了。

新建项目，命名为**苹果随机**。使用"重复 10 次"程序块随机放置苹果。如果放 20 个，只要修改重复次数即可，程序如左图所示。

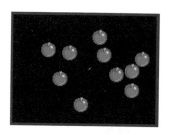

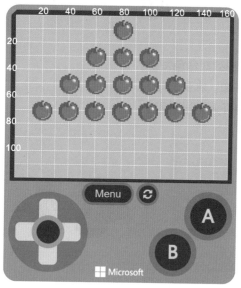

arcade-L11- 苹果随机 .uf2

扫码立即体验游戏
并获取程序

随机放置的苹果效果如左图所示。

拓展玩法

使用循环，实现左图所示的三角形苹
果阵列。

灰袍魔法师考题 11-1

下面关于"循环"的描述错误的是？

☐　A. 循环无法嵌套
☐　B. 循环有多种实现方式
☐　C. 可以使用循环嵌套，实现更复杂的过程控制
☐　D. 循环可以用来做重复性的计算或执行重复性的事件

12关 让我们"开火"吧

在游戏中，"子弹"几乎无处不在，通常是由玩家或敌对角色发射。在 Arcade 中，可以通过创建"弹射物"做出各种子弹。本关将学习用弹射物制造陨石雨，以及如何让玩家控制的精灵角色开火，击毁陨石。

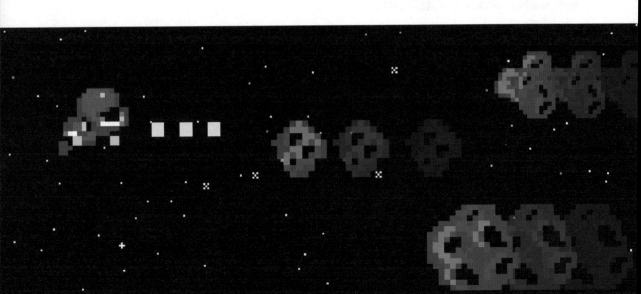

🌐 知识点

"子弹"时间

　　在游戏中"子弹"通常是由玩家或敌对角色发射的，"子弹"有可能是那种可造成实际伤害的危险品。

　　如右图所示，在经典打飞机游戏《雷电》(Raiden) 中，除了玩家发射子弹，有些敌人也会向玩家发射子弹。

　　"子弹"也可能是带来增益的物品，就像下图所示的《守望先锋》(Overwatch) 中的安娜可以通过远程射击给队友"打针"，帮队友恢复生命值。

子弹的形态也因游戏的美术风格和玩法的不同而形态各异。尤其是一些弹幕游戏，子弹让人眼花缭乱：散弹、激光、追踪导弹……

如右图所示的《死亡弹幕》(Danmaku Death) 是一款非常魔性、硬核向的弹幕射击类游戏——玩家控制一个小飞船在眼花缭乱的子弹屏障中穿梭，只要碰到子弹就会 Game Over！

如下图所示，在休闲手游《愤怒的小鸟》(Angry Birds) 中，玩家发射的弹药就是一只呆萌的小鸟，这颗"鸟弹"遵循碰撞、弹射等物理法则。

如下图所示，在 Arcade 里，可以在"精灵"标签下，找到"弹射物"相关的程序块。

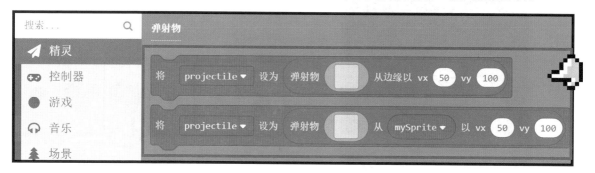

被设置为"弹射物"的子弹，如果它们离开屏幕就会自动被销毁。这一点很重要，有助于提高游戏的运行效率。游戏魔法师在制作游戏的时候，需要考虑游戏的性能问题，越多的子弹在游戏里飞行，就意味着越大的运算量，太大的运算量会导致游戏变得很卡顿。

本关将尝试制作一个太空题材的横版射击游戏。先学会用弹射物制造陨石雨；再放入机甲战士，并添加碰撞事件；最后学会让机甲战士发射子弹，击毁陨石。

⚑ 任务1："弹射物"陨石雨

使用"弹射物"程序块做出第一颗陨石子弹，并为未来的横版射击游戏制造一片陨石雨。

动手实践

`1/4` **确定阵列中每个苹果的坐标**

在浏览器中打开 Microsoft Arcade 平台（具体操作见 00 关）。

在 Arcade 主页新建项目，项目名称为**注意陨石**。单击"精灵"标签，把"将 projectile 设为弹射物……从边缘以 vx 50 vy 100"程序块拖曳到编程区，嵌入"当开机时"程序块中，如左下图所示。

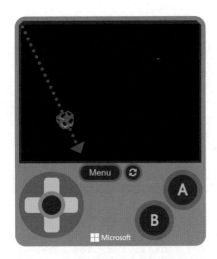

单击"将 projectile 设为弹射物……从边缘以 vx 50 vy 100"程序块里的灰色方框，从图库选择一块陨石作为子弹的造型，如下图所示。

如左图所示，现在在模拟器里可以看到陨石从屏幕的左上角 (0,0) 向右下方运动，但目前的设定只会显示 1 颗陨石，程序如下图所示。

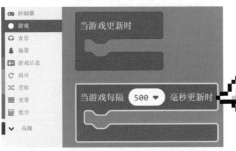

单击"游戏"标签，找到"当游戏每隔 500 毫秒更新时"程序块（如左图所示），用它替代"当开机时"程序块，程序如下图所示。

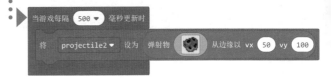

如左图所示，现在可以看到陨石以固定的时间间隔飞过。

知识点

这里有个疑问，如果为"将精灵设为弹射物……从边缘以 vx 50 vy 100"程序块设置不同的 vx 值和 vy 值，陨石的运动方向是否会不同？

右图展示了不同的 vx 值和 vy 值所对应的陨石运动方向。

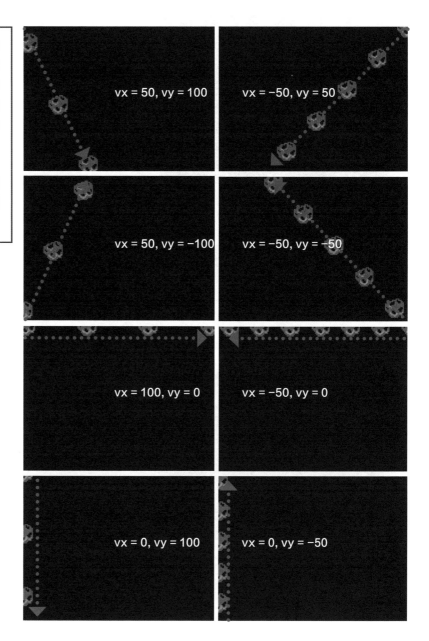

2/4　让陨石从右向左飞

现在来做横版射击游戏的陨石雨，用陨石作为子弹，让子弹从屏幕右侧向左飞。根据上页知识点中的图，要让子弹从右向左飞，需要设置 vx = -50、vy = 0，程序如下图所示，效果如左图所示，陨石从顶部右边缘向左方飞去。

接下来需要调整陨石出现的 y 轴位置，单击"精灵"标签，找到"将 mySprite 的 x 设为 0"程序块。将变量修改为 projetile，坐标轴修改为 y，数值修改为 60，程序如下图所示。

现在可以在模拟器中看到陨石从屏幕的右侧中部出现，向左侧运动，如左图所示。

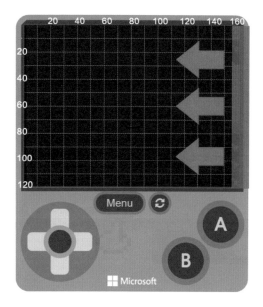

3/4 将陨石出现的 y 轴位置设为随机

在游戏里，期望陨石随机在屏幕右侧任意 y 轴位置产生，向屏幕左侧飞去。

首先解决随机在右侧出现的问题，需要将原来程序中的 y = 60 做一些修改。单击"数学"标签，找到"选取随机数，范围为 0 至 10"程序块，替换原来精灵的 y 值，程序现在如下图所示。

GameGo 屏幕的高度是 128 像素，所以应该设置 y 值范围是 0 ~128。假如你不知道屏幕的高度，可以从"场景"标签栏下找到"屏幕高度"这个程序块替代随机数的最大值，如下图所示。

现在，如左图所示，模拟器里能看到成片的陨石从右侧随机出现，向左侧运动。

arcade-L12- 注意陨石 .uf2

扫码立即体验游戏
并获取程序

4/4　设置陨石速度为随机

如果所有的陨石都是同样的速度，会显得很不自然，可以将 vx 的速度设置为 -50 ～ -100 的随机数。然后将游戏更新间隔修改为 1 秒 (1000 毫秒) 以降低陨石出现的密度，最终的程序如左下图所示。

🚩 任务2：机甲战士穿越小行星带

期望实现的玩法是让机甲战士在左图所示黄色区域内移动，躲避右侧飞来的陨石，如果发生碰撞，就 Game Over 。

动手实践

1/4　机甲战士进场

继续使用上面的程序 arcade-L12- 注意陨石 .uf2，修改项目名称为**机甲战士穿越小行星带**。

单击"循环"标签，拖曳"当开机时"程序块到编程区，然后添加创建精灵的程序块到编程区，并从右下图小手所示的图库位置选择机甲战士作为精灵。如左下图所示，现在可以在模拟器中看到机甲战士，但陨石会穿过机甲战士。

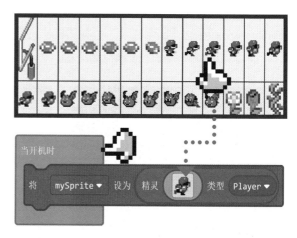

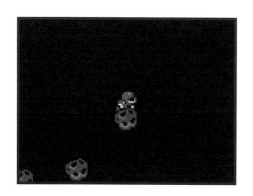

2/4　添加按键控制

如下图所示，修改默认变量名 mySprite 为"机甲战士"，单击"控制器"标签，找到并添加"使用按键移动机甲战士"程序块到图示位置，单击程序块右侧的加号，修改 vx 的值为 0，这样机甲战士就只能沿着 y 轴方向运动了。单击"精灵"标签，添加"设置机甲战士的位置为 x 0 y 0"程序块，然后修改开始的位置为 (x = 30, y = 60)，现在效果如左图所示，机甲战士就位！

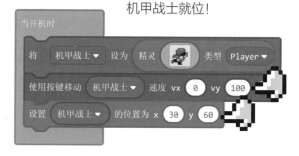

3/4　避免机甲战士跑出屏幕

在使用模拟器控制机甲战士时，发现在它到达屏幕的上边缘或下边缘后会超出屏幕消失。可以单击"精灵"标签，添加"设置 mySprite 保持在屏幕中标志为关"程序块到右下图小手所示位置，修改 mySprite 为"机甲战士"，并将标志设置为"开"。

修改后的效果如左下图模拟器所示，机甲战士运动到屏幕边缘的时候，就会停在那里。

4/4　解决碰撞问题

当机甲战士碰到陨石的时候，游戏结束。单击"精灵"标签，找到"当 sprite 类型 Player 与 otherSprite 类型 Player 重叠时"程序块，拖曳到编程区。修改 otherSprite 类型为 Projectile，如下图所示。

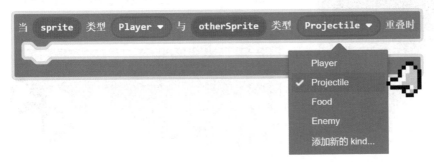

　　单击"游戏"标签，拖曳并添加"游戏结束"程序块到图示位置。最终的程序如右下图所示。模拟器效果如左下图所示，当机甲战士碰上陨石时就能看到"GAME OVER！"了。

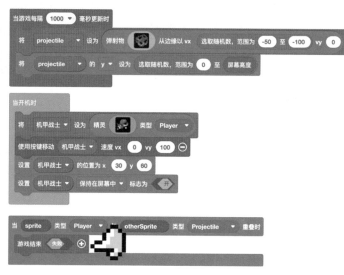

　　将最终完成的程序下载到 GameGo 上进行体验。

arcade-L12- 机甲战士穿越小行星带 .uf2

扫码立即体验游戏
并获取程序

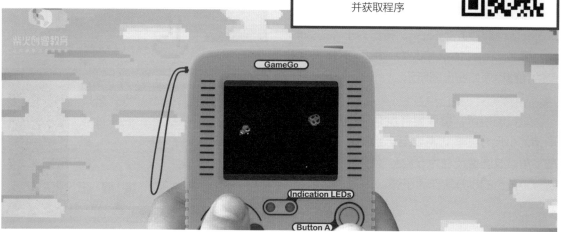

⚐ 任务3："开火"

在前面的示例中，玩家只能用上下按键躲避陨石，现在是时候让机甲战士开火了。

动手实践

1/3 设置开火按键

打开任务 2 的程序"arcade-L12- 机甲战士穿越小行星带 .uf2"，重命名为**机甲战士开火**。

这里准备把 GameGo 的 A 键设置为开火按键，单击"控制器"标签，拖曳并添加"当按键 A 按下"程序块到编程区。

单击"精灵"标签，拖曳"将 projectile 设为弹射物从 mySprite 以 vx 50 vy 50"的程序块到右图小手指示的位置，并将"mySprite"修改为"机甲战士"。

为了区分，将作为陨石的弹射物变量名 projectile 修改为"陨石"；将作为子弹的弹射物变量名 projectile2 修改为"机甲子弹"，目前的完整程序如右上图所示。

如右图所示，图库里并没有特别适合作为子弹的小尺寸图案，需要自己绘制。在编辑器左下角修改图像尺寸为 5×5，使用中号画笔绘制一个黄色的小方块作为子弹。

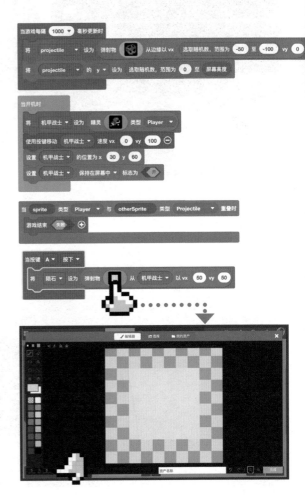

现在发现，只要按下 A 键，就会立即出现"GAME OVER！"，如左图所示。

原因是作为弹射物的"机甲子弹"和"陨石"默认都是 Projectile 类型。由于下图这个程序块，只要玩家发射子弹，产生了一个 Projectile 类型的精灵，就会导致游戏结束。

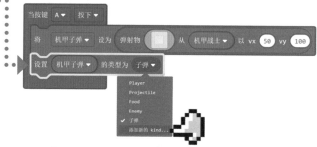

2/3 重设子弹类型

如左图所示，单击"精灵"标签，拖曳"设置 mySprite 的类型为 Player"程序块到下图所示位置，将"mySprite"改为"机甲子弹"。单击"Player"右侧的下三角按钮 ，在弹出的菜单选择"添加新的 Kind"，然后命名为"子弹"，以此设置机甲子弹的类型为子弹。

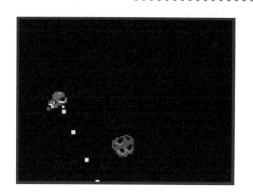

按 A 键测试，能发出子弹了。只是方向和预期的有偏差，如左图所示。

arcade-L12- 机甲战士开
火 .uf2

扫码立即体验游戏
并获取程序

将最终完成的程序下载到 GameGo 进行
体验。

3/3 子弹校准与命中设置

修改机甲子弹的速度 vx = 100，vy = 0，
再测试，子弹已经变为横向。

将"当 sprite 类型 Player 与 otherSprite
类型 Projectile 重叠时"程序块复制，修
改"Player"为"子弹"，然后添加"销毁
otherSprite"程序块，如下图小手所指。

现在问题解决了，玩家可以发射子弹，并
击毁陨石了。最终的程序如下图所示。

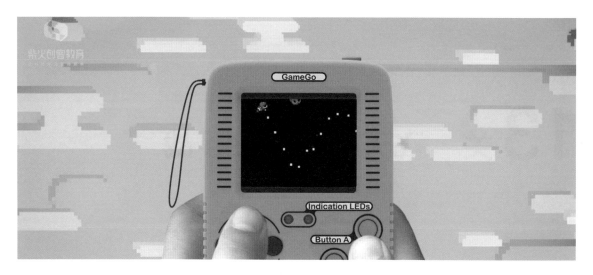

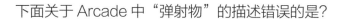 拓展玩法

- ■ 为游戏添加封面（开始游戏的时候展示游戏的名字，可以自己为游戏起名）。
- ■ 封面展示后，再添加玩法说明（例如，按上下键移动，按 A 键发射）。
- ■ 添加倒计时、得分，让游戏变得更好玩。

灰袍魔法师考题 12-1

下面关于 Arcade 中"弹射物"的描述错误的是？

- □ A. "弹射物"可以用作玩家发射的子弹，也可以用作怪物发射的子弹
- □ B. "弹射物"的类型不能修改
- □ C. 可以通过修改"弹射物"的 vx 和 vy 值来控制子弹的发射方向
- □ D. 可以指定位置发射"弹射物"或从指定精灵的位置发出"弹射物"

13 关　飞天巨蟒 Boss 战

　　12 关学习了让玩家控制的角色发射子弹，本关将尝试让非玩家角色的精灵在游戏中发射弹射物。从简单的让云飘落雨滴开始学习，直到让飞天巨蟒 Boss 打出华丽的环形弹幕。

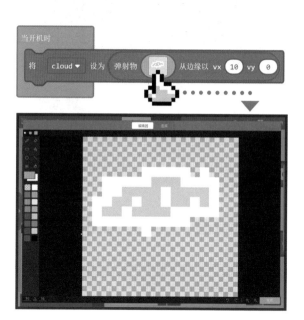

🏴 任务1：会下雨的云

尝试做一朵云，由屏幕顶端从左向右飘过，并不停地下雨。

动手实践

1/4 创建云朵

在浏览器中打开 Microsoft Arcade 平台（具体操作见 00 关）。

在 Arcade 主页新建项目，项目名称为**会下雨的云**。

如右图上所示，利用上一关的知识，单击"精灵"标签，拖曳"将 projectile 设为 弹射物……从边缘以 vx 50 vy 50"程序块到编程区，将"projectile"修改为"cloud"，云朵需要手工绘制：单击"弹射物"右边的灰色方框，在编辑器里绘制一朵云（如右图所示）。然后设置 vx = 10, vy = 0，如此就有了一朵从屏幕左边向右边飘过的云。

2/4 创造雨滴

仔细参考右图的程序，了解雨滴创建的部分。这里使用了"当游戏每隔 50 毫秒更新时"程序块，来不断地产生雨滴。使用"将 raindrop 设为 弹射物 从 cloud 以 vx 0 vy 30"程序块，从云朵的位置创建向下运动的雨滴。

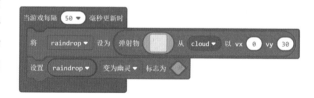

如左下图所示，由于现在是连续发射雨滴，所以在模拟器中可以看到雨滴连成了一条斜线。这太不自然了，下面将尝试进行改进。如右下图所示，雨滴的素材在编辑器里是这样的。

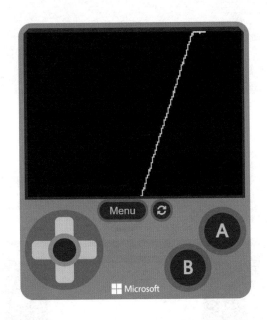

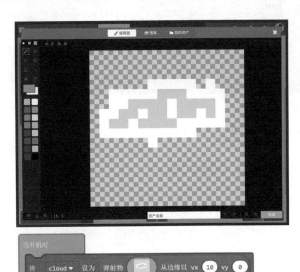

3/4 让雨滴"自然"落下

仔细参考右图给出的示例程序，了解雨滴随机初始位置的设置。

修改 y 坐标为 3，是为了让雨滴在创建时就和云朵之间有一点距离。

这里还使用了"选取随机数，范围为 1 至 14"程序块来修改雨滴的初始位置，制造错落有致的效果。

🔧 小技巧

将雨滴"变为幽灵"。意味雨滴精灵与其他精灵重叠时将不会被检测到，它们会像没有重叠事件一样穿过那些精灵。这可以避免做碰撞事件检查，有助于提高性能和帧速率。

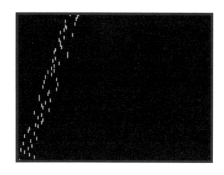

如左图所示，现在模拟器里的雨滴变成了期望的样子。

4/4　添加雨滴计数器

被设置为"幽灵"的雨滴精灵不会触发重叠事件，但是可以使用其他事件触发重叠事件，例如当精灵销毁时。下面在雨滴被销毁的事件程序块里添加"得分增加"程序块，以算出落到屏幕底部的雨滴。还有，当云朵飘出屏幕（也会被销毁）时，就让游戏结束并放礼花。修改后的程序如下图所示。添加了下图底部两个程序块后，如左图模拟器所示可以看到随着雨滴消失，得分在不断增加。云朵消失后，出现了游戏结束的礼花和得分展示。

arcade-L13- 会下雨的云 .uf2

扫码立即体验游戏
并获取程序

🚩 任务2：飞天巨蟒Boss的华丽弹幕

利用前面学到的知识，尝试设计一个能发射出效果较为复杂的弹幕的巨蟒 Boss。

动手实践

1/3 制作飞天巨蟒 Boss 和子弹

在浏览器中打开 Microsoft Arcade 平台（具体操作见 00 关）。

在 Arcade 主页新建项目，项目名称为**飞天巨蟒 Boss**。

单击"精灵"标签，拖曳"将 mySprite 设为 精灵…… 类型 Player"程序块到编程区。将变量"mySprite"改为"巨蟒"，类型"Player"改为"Enemy"（敌人）。

如左图所示，从图库找到面相最凶狠的动物——巨蟒，作为 Boss 出场。

将巨蟒设置在屏幕的中上方（坐标 x = 80,y = 20)。

当前程序如下图所示，模拟器效果见左下图所示。

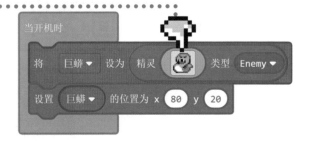

　　因为 Boss 的子弹需要做得小一些，所以将其尺寸修改为 8×8 ，然后用绿色（毒液最爱的颜色），涂鸦一颗子弹，如左下图所示。为巨蟒 Boss 添加子弹，调整子弹产生的间隔为 200 毫秒，程序如右下图所示。

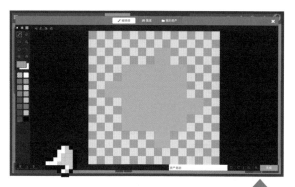

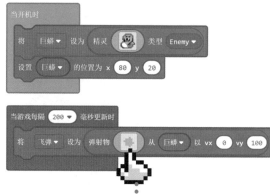

arcade-L13- 飞天巨蟒
Boss-1.uf2

扫码立即体验游戏
并获取程序

　　如左图所示，Boss 已经像模像样地开始点射了。

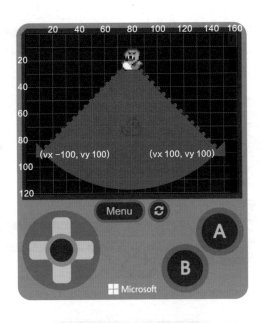

2/3　飞天巨蟒 Boss 点射

上一步实现的 Boss 点射沿一条直线，显然不具备挑战性，期望能够让 Boss 发射散射弹幕。

如左图所示，让子弹在两个红色箭头夹角之间进行散射。vy 值可以保持 100 不变，只要让 vx 值在 -100 ~ 100 随机取值即可。

修改程序如下图所示。

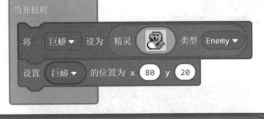

arcade-L13- 飞天巨蟒 Boss-2.uf2

扫码立即体验游戏
并获取程序

如左图所示，现在可以看到 Boss 向下打出了颇有气势的扇形散弹子弹。

3/3　飞天巨蟒 Boss 的同心圆弹幕

现在看看弹幕游戏里常见的同心圆弹幕的实现方法。如果你不想使用复杂的数学公式来计算圆形弹幕子弹的速度，那么可以使用下面的简化办法。

如右图所示，先建立以 Boss 为核心的坐标系（子弹以 Boss 为中心发出），然后画一个半径为 50 的圆形。在圆形上面大致均匀地标记 12 个子弹发出的点，分别根据坐标网格，粗略估算出这些点的坐标。

在程序中添加 12 个飞弹，并按右上图的坐标标注设置这些飞弹的 vx 和 vy 值，程序如右图所示。

如下图所示，在模拟器看看效果，现在 Boss 帅呆了！

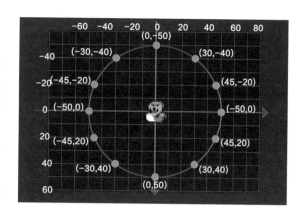

将最终的程序下载到 GameGo 上体验。

arcade-L13- 飞天巨蟒
Boss-3.uf2

扫码立即体验游戏
并获取程序

🔆 拓展玩法

- 使用坐标网格，尝试摆出几种自创造型的 Boss 弹幕（螺旋、爱心等）。
- 添加自己的战机，挑战 Boss 的弹幕。

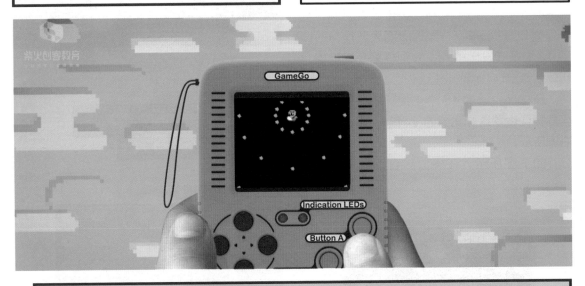

灰袍魔法师考题 13-1

下面关于 Arcade "弹射物" 变幽灵的描述正确的是？

- ☐ A. "弹射物" 设置为 "变为幽灵" 后，会变成幽灵造型
- ☐ B. "弹射物" 设置为 "变为幽灵" 可避免碰撞检测，节省计算资源，增强游戏性能
- ☐ C. "弹射物" 设置为 "变为幽灵" 后，就无法添加事件
- ☐ D. "弹射物" 设置为 "变为幽灵" 后，会立即消失

14 关　精灵物理学

　　本关将探寻速度和加速度的秘密，有了这些能力，游戏魔法师会更好地控制精灵的运动。比如赋予赛车极限速度，给掉落的水滴赋予重力加速度等，让游戏魔法师的魔法更贴近自然。

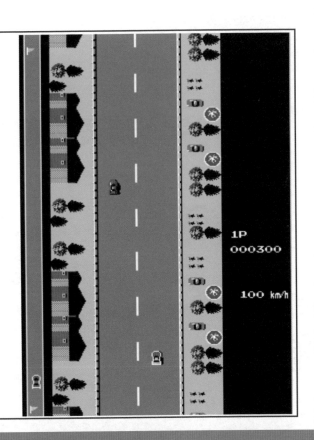

知识点

速度

首先看看速度的定义：表征动点在某瞬时运动快慢和运动方向的矢量。简单说，速度在数值上等于物体运动的位移与发生这段位移所用的时间的比值。

在现实生活中，可以通过火车或汽车来理解速度。假如你在限速 100 千米 / 时的高速公路上（如右图所示），以 100 千米每小时的速度向北狂奔，那意味着如果持续此速度 1 小时，你会比当前的位置更向北 100 千米。

在 Arcade 中，精灵的速度以每秒移动的像素数进行测量，并表示为精灵的 vx 和 vy。这是因为游戏屏幕具有尺寸，在 x 或 y 方向上的移动距离以像素为单位。

任务1：位置变化与速度的差异

在 Arcade 的 "精灵" 标签栏有关 "物理" 的部分中，可以看到右图所示的两个程序块，一个用于设置位置，一个用于设置速度。

下面将用两部小车，一个通过设置速度运动，一个通过设置位置运动，让它们进行比赛，看看它们的表现会有什么不同。

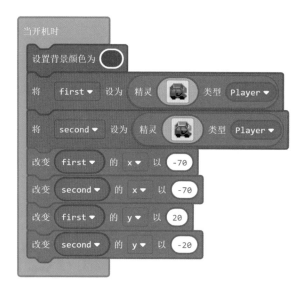

动手实践

1/3　**各就各位，预备……**

在浏览器中打开 Microsoft Arcade 平台（具体操作见 00 关）。

在 Arcade 主页新建项目，项目名称为**位置与速度的赛车**。

在游戏场景中，分别放置一部红色和一部蓝色的小车并修改起始位置（相对于屏幕中心的出生点），修改两个小车的变量名为 first（红色车）和 second（蓝色车），程序如左图所示。

两部小车可以在下图所示的图库图示位置找到。

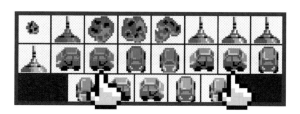

如左图所示，现在小车在模拟器中已经各就各位了。

arcade-L14- 位置与速度的赛车 -1.uf2

扫码立即体验游戏
并获取程序

2/3 比赛开始

现在给红车 first 设置一个 20 的 vx(每秒移动 20 像素);将蓝车 second 设置为每秒位置改变 20 像素,程序如右图所示。

如下图所示,在模拟器里可以看到两部小车都开始向右运动,只是红车 first 是持续匀速前进,蓝车 second 则开启了"瞬移"模式,跳跃式前进。这就是两种运动的差异所在。

3/3 开启位置播报

为了方便进一步比较,准备让两部小车随时播报它们的 x 坐标位置。借助 03 关"从玩法到变量"中所讲的"组合字符串"程序块,以及 06 关"用游戏讲故事——演绎莎翁经典对白"中让角色说话的知识,新增程序如右图所示。

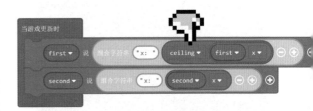

💡 小技巧

获取红色小车的位置时,使用了一个"取整"的函数程序块:ceiling,目的是避免读出带小数的坐标位置,这是非必要项。

如左图所示，现在在模拟器中可以看到每个小车实时变化的 x 坐标值。

arcade-L14- 位置与速度的赛车 -3.uf2

扫码立即体验游戏
并获取程序

🌀 知识点

加速度

加速度是表示速度变化快慢的物理量，代表物体在特定方向上加速或减速的程度。重力是加速度的一个很好的例子：下落的物体在向下的方向上的速度不断增加，下落的速度越来越快。

加速度与速度之间的关系类似于速度与位置之间的关系：速度大小代表位置变化的快慢，加速度大小代表速度变化的快慢。

换句话说，加速度告诉我们速度变化的快慢。在汽车刹车或火箭起飞过程中，都是有加速度的。当有加速度时，身体会感受到一股力量。

🚩 任务2：速度与加速度的差异

通过任务 1 中的两部小车，看看速度和加速度的区别。

动手实践

1/1　为蓝色小车 second 设置加速度

继续使用任务 1 完成的程序：**arcade-L14- 位置与速度的赛车 -3.uf2**，然后重新命名为**速度与加速度的赛车**。

在任务 1 的程序基础上，复制"将 first 的 vx (x 轴速度) 设为 20"程序块，将 first 修改为 second，然后将 vx 替换为 ax。

最终的程序如右图所示。

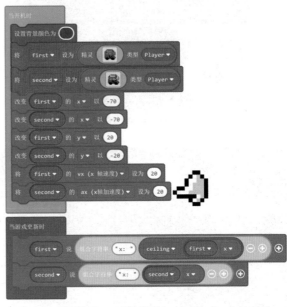

如左图所示，可以看到，红车 first 始终匀速前进，蓝车 second 从静止开始，越来越快，直至超越红车 first。

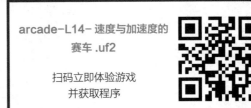

arcade-L14- 速度与加速度的赛车 .uf2

扫码立即体验游戏并获取程序

🌐 知识点

重力加速度

很多抛射类游戏，例如《弹弹堂》(如右图所示)、《愤怒的小鸟》(如下图所示) 等，在玩家发射子弹时，子弹会呈抛物线飞出。

就像右图所示的这个苹果，如果沿着斜向上抛出，给苹果一个速度 v，苹果会因为受到重力加速度 g 的影响，呈抛物线运动。下面的任务，将学习如何在游戏里做出类似重力加速度效果。

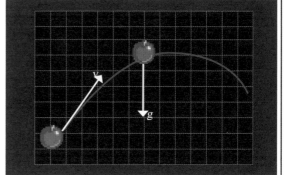

🏳 任务3：水滴四溅

本任务将从一个已有示例程序 **arcade-L14- 水滴与汉堡 -1.uf2** 开始。原程序展示了一个大水珠被抛射到汉堡上，变成了一个小水滴。通过改进程序，让水珠撞到汉堡时，变成许多小水滴四处散开，并受重力落下。

动手实践

1/3 从已有示例开始

arcade-L14- 水滴与汉堡 -1.uf2

扫码立即体验游戏
并获取程序

如左图所示，在这个示例中，已经实现了以下功能：

■ 屏幕左侧有一枚蓝色水珠，右侧有一个汉堡。
■ 玩家按下 A 键，可以从左侧向右上方发射蓝色的水珠。
■ 水珠会在重力加速度的作用下，呈抛物线轨迹掉落在汉堡上。
■ 水珠掉落在汉堡上会变成一个小水滴。
■ 玩家按下 B 键，重新获得一枚水珠并处于待发射状态。

程序见下页，共分成 4 个部分。

1. 如右图所示，"当开机时"程序块所包含的部分首先设置了背景色；然后创建了汉堡和水珠 (balloon)，并分别设置了它们的起始位置。

2. 如右图所示，当按下 A 键的时候，通过设置 vx 和 vy，向右上方以一个速度发射水珠 balloon，同时给水珠赋予一个向下的加速度 ay(值为 40)，这个 ay 就起到了重力加速度的作用。

3. 如右图所示，这一部分主要是设置水珠和汉堡碰撞的事件。首先设置水珠 sprite 为幽灵；然后通过随机数分别生成 xDirection 和 yDirection 的值；然后以 (vx = xDirection，vy = yDirection) 速度从水珠发射小水滴 projectile；然后设置小水滴为幽灵；最后销毁水珠 sprite。

4. 如右图所示，这部分设置了按下 B 按键的事件，首先销毁已有的水珠，然后在起始位置重新创建一个新的水珠。

成功加载程序后，在模拟器里按下 A 键和 B 键尝试运行，观看程序的执行效果。

2/3　实现水滴四溅的效果

上一步的示例中的水珠碰撞汉堡的时候，变成了一个细小的水滴，显得很不自然。下面尝试使用循环，一口气生成 50 个小水滴。对创建水滴的程序部分稍作改进，增加一个 50 次的循环程序块，程序如右下图所示，模拟器效果如左下图所示，水滴散开的效果有了，只是这些水滴全都做匀速运动，显得很不自然。

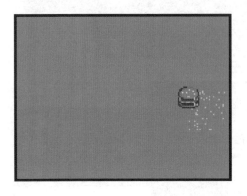

3/3　实现"真"水滴四溅效果

在第 1 步的时候给水珠设置了一个值为 40 的 ay（重力加速度）。现在给这些小水滴都设置同样的重力加速度试试，程序如右图所示。

模拟器效果如下图所示，现在小水滴的效果完美！

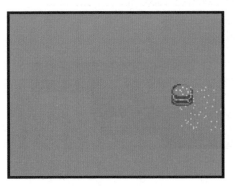

arcade-L14- 水滴与汉堡 -3.
uf2

扫码立即体验游戏
并获取程序

任务4：碰撞反弹的实现

有了速度和加速度的基础，就可以很容易地做出碰撞反弹的效果，这个任务将让一只淘气的小猴不停地在草地上弹跳。

要实现右图所示的效果，需要做下面这些事情：

- 将小猴精灵设置为 player 类型，并设置初始位置在屏幕上方，添加重力加速度。
- 将地面精灵设置为 wall 类型。
- 添加两个类型的重叠事件。
- 当重叠时，让小猴子的 vy = –1 * vy，就可以获得反弹的效果

如左下图所示，直接观看示例程序 **arcade-L14- 淘气的小猴 .uf2**，理解实现弹跳的方法和效果。

我绘制了一个 160 × 8 像素的绿色矩形做地面，如右下图所示。小猴的素材在图库里可以找到。仔细查看重叠事件里变更小猴速度的程序。

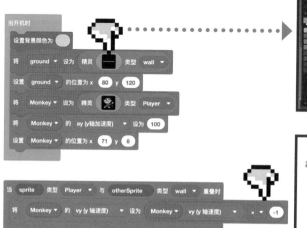

arcade-L14- 淘气的小猴 .uf2

扫码立即体验游戏
并获取程序

拓展玩法

利用重力加速度，做出 Flappy Bird 的操控效果，下面给出的是编程思路。

■ 在屏幕上创建一个精灵，并选取小鸭的图案 (图库里有)。

■ 给精灵一个向下的加速度 (重力加速度)。

■ 创建一个按下按键的事件 (比如 A 键)。

■ 在按键事件中，更改精灵在 y 方向的速度，以便按 A 键可以让小鸭"飞起"。

■ 尝试修改重力加速度和飞起速度的数值，达到自己理想的控制"手感"。

■ 每 2 秒创建一个从右向左运动的障碍物 (可以使用弹射物)，如果小鸭和障碍物相撞，就让游戏重新开始。

期待看到你的 Flappy Duck。

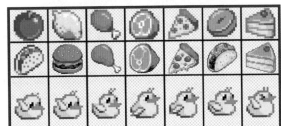

灰袍魔法师考题 14-1

下面关于 Arcade 中的速度与加速度的描述中，错误的是?

☐　A. 编程者可以为精灵设置速度和加速度

☐　B. 速度大小是位置变化的快慢，加速度大小是速度变化的快慢

☐　C. 编程者可以通过添加向下的加速度，让物体看起来像受到重力一样

☐　D. 加速度无法设置为负数，必须是正数

第 05 章 灰袍魔法师游戏试练

15 关 手把手教你做独立游戏

　　在学习了前面那么多关的知识后，读者已经初步具备独立制作游戏的能力。在 10 关中，探讨了如何通过原型不断迭代，让游戏变得更好玩，内容更丰富。在正式开始你的大作之前，我准备了一个游戏开发过程和迭代的完整示例：从创意开始，直到通过数次迭代，完成最终作品。

知识点

如何从无到有做游戏

通常制作独立游戏都遵循下面这个流程。

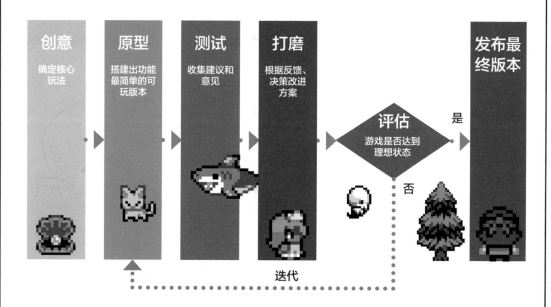

创意：游戏制作人通常会从一个创意开始，需要从创意中提炼出游戏的核心玩法。

原型：放弃对美术风格的无尽追求，快速构建出能玩的包含核心玩法的原型，这是关键。

测试：有了原型版本，就可以找小伙伴测试了，借此你可以知道哪些地方做对了，哪些地方还需要改进。

打磨：反馈意见通常会很多，这个阶段需要学会取舍，然后决定下一步做什么改进。

评估：看看游戏是否达到满意状态，如果和理想效果还有差距，继续迭代原型，重复这个过程，一遍又一遍，直到你心满意足地发布最终的版本。

下面展示一个游戏开发过程和迭代的完整示例：从创意开始，直到通过数次迭代，完成最终作品。

注：本关示例内容来自 Arcade 英文版官方教程 Example Section Project。

⚑　最初的创意——"蹦蹦小子"

在为游戏构思了三个不同的创意后，我选择了大家最喜欢的一个：让一个小人跳蹦床得分，取名"蹦蹦小子"。

我和小伙伴们讨论了游戏的创意，他们认为如果让蹦床四处移动会很酷，也会让玩家更难得分，我也觉得挺赞的。

我随手绘制了游戏的概念草图（右图），虽然很粗糙，但它完整地表达了这个游戏的基本玩法。

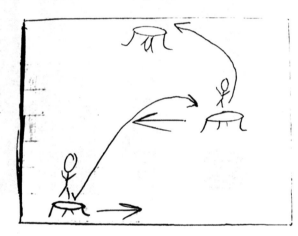

根据右上方这张草图，我逐项写下游戏的功能列表，这些功能是让这个游戏有趣的核心玩法，如右图所示。

■ 玩家会因为重力不断下落，如果落在蹦床上会被弹起来。

■ 蹦床随机出现在屏幕上。

■ 当玩家在蹦床上弹跳时，得分会增加。

⚑ 第1轮：游戏原型

对于首个原型版本的游戏，首先要让玩家能四处移动并在单个蹦床上实现反弹。

构建原型

首先，需要将功能分解为简单可操作的小任务，下面是我为原型罗列需要实现的功能。

- 需要为玩家和蹦床做一个草稿图像。
- 玩家精灵需要受重力而掉落。
- 玩家精灵需要根据用户的方向按键左右移动。
- 玩家精灵在蹦床上着陆时需要被弹跳起来。

经过一番努力，很快，首个原型版本出炉。程序如右图所示，实现的模拟器效果如下图所示。

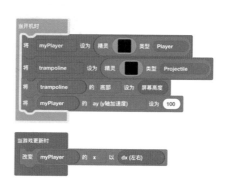

arcade-L15- 蹦蹦小
子 -v1.uf2

扫码立即体验游戏
并获取程序

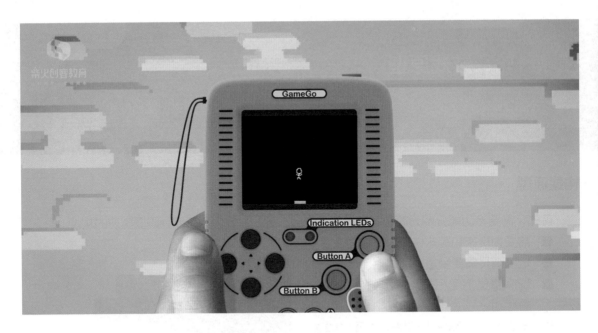

测试

把游戏下载到 GameGo 后，我拿着游戏机让小伙伴们体验了一番。在他们把玩的时候，我还简要描述了游戏未来将会完成的部分，比如移动的蹦床、得分等。

在体验了原型游戏后，他们给了我一些反馈：

- 精灵造型太粗糙，应该做一些改进。
- 这个游戏太简单了！
- 游戏中没有太多可做的事情。

打磨

我期望能得到更多的反馈，因为他们所提的意见，已列入后续版本的任务清单中。但经过这个测试，我知道方向是对的，并且他们喜欢这个游戏的想法。

在得到这些反馈之后，我发现当下的要务是给游戏添加更多的挑战。准备集中精力，在下一轮给蹦床添加移动功能。

第2轮：移动的蹦床

要让蹦床在屏幕上来回运动，需要找到一种靠谱的方法来实现。可以在"当开机时"程序块中设置蹦床的移动速度。使用"set … bounce on wall"程序块，让蹦床到达屏幕边缘就掉头。

构建

为蹦床设置一个向右的初始速度（vx），蹦床就可以运动起来了。然后为蹦床设置"set … bounce on wall"程序块，让蹦床到达屏幕边缘就掉头。

最终程序如右图所示，现在有了些难度和挑战，你要控制小人在左右移动的蹦床上跳跃了。

arcade-L15- 蹦蹦小
子 -v2.uf2

扫码立即体验游戏
并获取程序

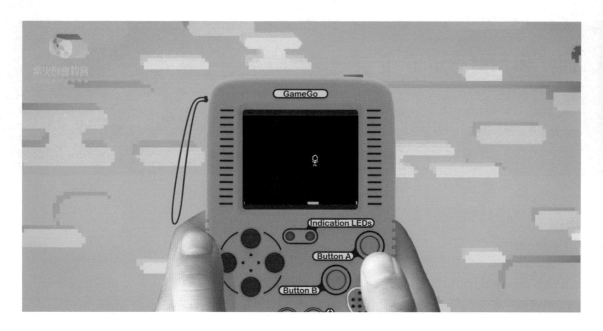

测试

把游戏下载到 GameGo 后，我给小伙伴们体验了这个版本的游戏。他们对我的新版本游戏反馈如下：

■ 喜欢在玩游戏时蹦床跑来跑去的。

■ 感觉游戏太难了。

■ 建议把蹦床变大，或添加更多蹦床，让玩家更容易弹跳。

打磨

从收到的反馈中可以看到，改进的大方向没错。我决定将当下的工作重点放在他们提出的反馈上，然后再转向其他功能。这样就能够看到他们在我为此做出改进之后的想法。我还决定将蹦床随机放置在屏幕上，以使每次游戏的体验都独一无二。

第3轮：实现更大更好的蹦床

增加蹦床的数量，并让蹦床出现在随机位置……

构建

为了让游戏更有趣，尝试增加了蹦床的数量；然后为每个新增的蹦床设置随机的起始位置：y 的位置为 20 至屏幕高度，x 的位置为 20 至屏幕宽度；并将每个蹦床的初始速度设置为 20 至 60（这样的好处是蹦床显得错落有致）。

注意使用了"当精灵创建 sprite 类型 蹦床"的程序块，这样每创建一个蹦床都可以使用相同的设置。

最终完成的程序如右图和下图所示。

arcade-L15- 蹦蹦小
子 -v3.uf2

扫码立即体验游戏
并获取程序

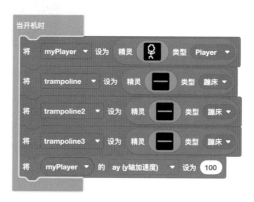

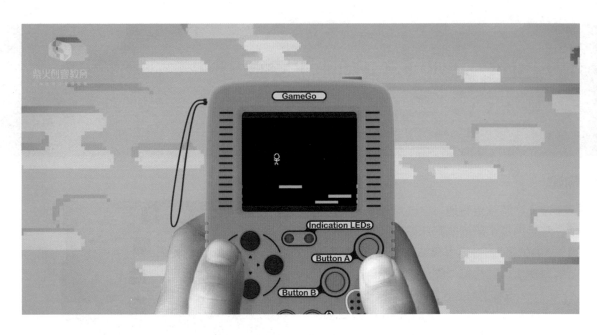

测试

把游戏下载到 GameGo，小伙伴们在体验一番游戏后，给出很多正面评价：

■ 蹦床随机放置在屏幕上真的很棒。

■ 加宽的蹦床使着陆变得更容易。

■ 多个蹦床使游戏看起来更有趣。

然而，并非所有的反馈都是赞扬：

■ 现在这个游戏太过随意，会出现玩家无法跳上蹦床的状况。

■ 如果出现了无法跳上去的蹦床，那么玩家只能在原来的蹦床上蹦跶，游戏顿时会变得无聊。

打磨

在考虑了这些反馈意见后，我认为蹦床的移动存在太多问题，决定暂时关闭这个功能，如果在以后的学习中发现更好的解决方案，再重新实现它。

我还决定，当玩家在成功跳上一个蹦床后，应该让蹦床消失，然后在其他地方创建一个新的蹦床。因为已经有一个在"当开机时"程序块里创建蹦床的程序块，所以这不难实现。

 第4轮：销毁和更换蹦床

当玩家踩中蹦床，使用销毁和创建新蹦床的方案替代。

构建

为了去掉蹦床的运动效果，我删掉了墙和为蹦床添加速度的部分。

为了使蹦床消失并在玩家向上跳时重新出现，我在蹦床类型和玩家类型的"重叠"事件添加了销毁蹦床和创建创建新的蹦床的积木。另外也更改了玩家的初始位置，以便他们能更容易的跳上其他蹦床。

最终程序如右图和下图所示。

arcade-L15- 蹦蹦小子 -v4.uf2

扫码立即体验游戏
并获取程序

当开机时
将 myPlayer ▼ 设为 精灵 类型 Player ▼
将 trampoline ▼ 设为 精灵 类型 蹦床 ▼
将 trampoline2 ▼ 设为 精灵 类型 蹦床 ▼
将 trampoline3 ▼ 设为 精灵 类型 蹦床 ▼
将 myPlayer ▼ 的 y ▼ 设为 0
将 myPlayer ▼ 的 ay (y轴加速度) ▼ 设为 100

当精灵创建 sprite 类型 蹦床 ▼
将 sprite 的 y ▼ 设为 选取随机数，范围为 20 至 屏幕高度
将 sprite 的 x ▼ 设为 选取随机数，范围为 20 至 屏幕宽度
将 sprite 的 vx (x轴速度) ▼ 设为 选取随机数，范围为 20 至 60
set sprite bounce on wall 开

当游戏更新时
改变 myPlayer ▼ 的 x ▼ 以 dx (左右) ⊕

当 sprite 类型 Player ▼ 与 otherSprite 类型 蹦床 ▼ 重叠时
将 myPlayer ▼ 的 vy (y轴速度) ▼ 设为 myPlayer ▼ vy (y轴速度) ▼ × ▼ -1
销毁 otherSprite ⊕
将 trampoline ▼ 设为 精灵 类型 蹦床

测试

把游戏下载到 GameGo 后,我向小伙伴们展示了这个新版本,他们喜欢这些改进!现在主要的反馈是:

- 蹦蹦小子的形象太糟心,要改改。
- 玩家应该有某种方式获得得分。

打磨

通过这些反馈,我知道自己差不多快要完成这个项目了。游戏的玩法基本上已经完成,只需要使其看起来更好,并为玩家提供一个不断蹦跳的理由即可。

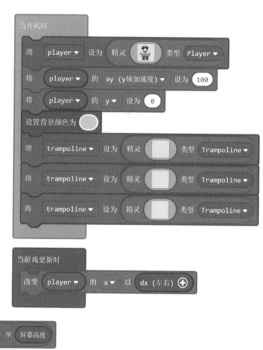

第5轮：发布最终版本

在实现了主要功能后，现在是进行最后的美化并发布最终版本的时候了。

构建

终于大功告成！并确保完成了一些自己觉得"很赞"的小功能：

- 没有美术细胞的我，着实花了一些功夫来确保最终的蹦蹦小子形象看起来更体面，并固定了蹦床的位置。
- 更改了背景色，使其看起来更好看。
- 添加了一个"游戏信息"标签栏下的"得分增加 1"程序块，当玩家命中蹦床时会增加得分。

最终程序如右图和下图所示。

arcade-L15- 蹦蹦小子 -v5.uf2

扫码立即体验游戏
并获取程序

测试

把游戏下载到 GameGo 后，我给另一拨小伙伴展示了这个版本的游戏。他们表示很喜欢。他们唯一的建议是，当玩家跌到屏幕底部时应该结束游戏。

打磨

我获得了关于游戏应该如何结束的反馈，对此也表示赞同。

不幸的是，目前我还不会获取玩家角色的位置并做出结束游戏的判断，所以暂时无法实现此功能。没关系，这意味着我还有更多要学的东西。我决定在学习其他课程时会留意，当知道如何解决这个问题的时候，再回来更新游戏。

16关　灰袍魔法师的毕业设计

　　这一关的学习时间，全部是用来给你做自由创作的。充分利用前面所学的内容，发挥你天马行空的想象力，做出自己满意的游戏。如果你对制作游戏的过程感到迷茫，可以再复习一下15关的内容。如果你渴望制作更复杂的游戏，那就请继续进入更高难度和令人激动的白袍魔法师的部分。

庆祝一下！

灰袍法师毕业了！

白袍魔法师进修篇

第 **06** 章 函数、扩展与动画

17 关 函数与音乐之声

"函数"在编程里被广泛使用，本关将学习"函数"的概念，并学会在游戏编程中使用它们。
为此我组建了一个由多个独立音符组成的函数乐队，你将学会指挥它们演奏自己喜欢的音乐。

知识点

函数

在 Arcade 里，函数是将要一起运行的代码段进行分组的一种方式。在编写程序时经常使用它们，以提高程序的可读性，并允许重复使用常见操作。简单地说，就是如果你发现程序里有一些代码段被多次重复使用，就可以考虑用"函数"了。

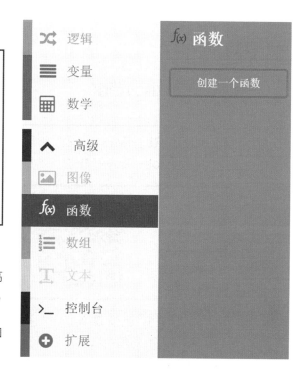

Arcade的函数

Arcade 的函数，隐藏在"高级"标签下，单击"高级"标签，可以在展开的标签中，找到"函数"子标签，如右图所示。

下面将通过修改一个已有示例程序来看看，如何创建函数以及调用函数。

🚩 任务1：用函数重建Doe-Ray-Mi-1示例程序

本任务从示例程序 **arcade-L1-Doe-Ray-Mi-1.uf2**(程序见下页)开始。我放置了 3 个角色在场景里，按下 A 键的时候，这 3 个角色分别会"唱出"Doe、Ray、Mi 三个音，并伴随相应的位移动作。对于角色演奏的部分，期望为每个音符做一个函数，通过调用对应音符的函数来实现演奏功能。

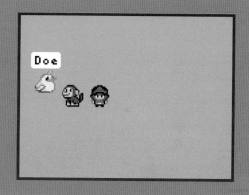

动手实践

1/4 为创建函数拆分程序

进入 Arcade 编辑器，加载示例程序 **arcade-L17-Doe-Ray-Mi-1.uf2**，在屏幕下方修改项目名为 **Doe-Ray-Mi-2**。

arcade-L17-Doe-Ray-
Mi-1.uf2

扫码立即体验游戏
并获取程序

程序如右图所示，将"当按键 A 按下"程序块里的程序块，按照不同角色和动作进行拆分（如右图所示的 3 个区块），拆分后形态如下图所示。期望修改的方案如下：

- 对于角色演奏的部分，为每个音符做一个函数。
- 通过调用音符函数实现演奏功能。

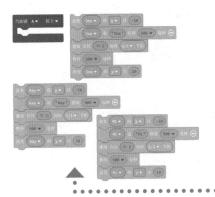

2/4　创建函数

　　在展开的"高级"标签下单击"函数"子标签，单击"创建一个函数"按钮，如右图所示。

　　在弹出的"编辑函数"窗口里，输入函数名：playDoe，然后单击"完成"按钮，如下图所示。

> **☠ 注 意**
>
> 　　在 Arcade 中，通常函数名字的首字母小写，下一个单词的首字母大写，并且单词中间没有空格。

　　可以看到编程区内多了一个"函数 playDoe"程序块，将上页分离出的演奏 Doe 的程序块，拖曳到"函数 playDoe"的程序块内。现在有了第一个完整的函数：playDoe，如右图所示。

　　重复这个过程，分别建立 playRay 和 playMi 函数。

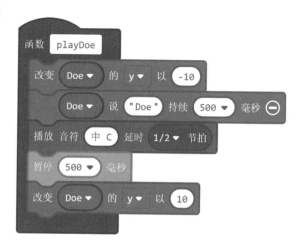

现在程序如下图所示。

3/4 调用函数

有了函数程序块，需要通过调用才能让它们发挥作用。如右图所示，单击"函数"标签，可以看到刚创建的 3 个函数的调用程序块。

我们期望按下 A 按键时，演奏 Doe Ray Mi。现在只需把"调用 playDoe""调用 playRay"和"调用 playMi"三个程序块，嵌入"当按键 A 按下"的程序块内，如下图所示。

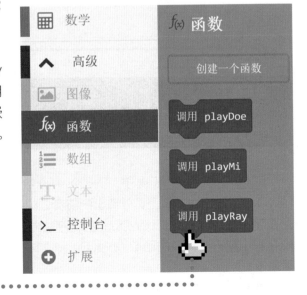

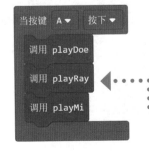

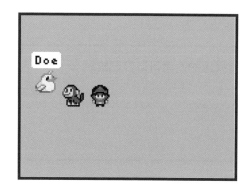

如左图所示，现在通过函数调用实现了和示例 arcade-L17-Doe-Ray-Mi-1.uf2 一样的功能。

arcade-L17-Doe-Ray-Mi-2.uf2

扫码立即体验游戏
并获取程序

4/4 **自由演奏**

有了函数的好处在于，如果要重复使用它们，只需要通过简单的"调用"就可以。

假如想按下 B 按键时演奏以下乐段：
Doe Ray Mi
Mi Ray Doe
Doe Ray Mi Doe Ray

现在的程序将会十分简洁和优雅，只需添加"当按键 B 按下"程序块，并按演奏顺序加入调用函数，如左图所示。

完成后，将程序下载到 GameGo 上运行。

arcade-L17-Doe-Ray-Mi-3.uf2

扫码立即体验游戏
并获取程序

拓展玩法

> **在上面游戏的基础上增加一些拓展玩法，有兴趣的读者可以自己尝试。**
>
> ■ 在上面任务的基础上，补全其他 4 个音符的精灵，设置站位，以及播放函数 playFar、playSew、playLa、playTea。
> ■ 为 A 键设置使用 7 个音符演奏的函数调用。

🔘 知识点

带参数的函数

　　上面创建的函数只是一段程序，如果在调用函数的时候，能够为函数段内的程序指定一些数值、文字甚至精灵的话，可以让函数的使用变得更加灵活和强大。

　　如下图所示，在上个任务创建函数的时候，在弹出的"编辑函数"对话框，可以看到"添加参数"一栏有 6 个按钮："文本""布尔值""数字""数组（Array）""Sprite""Image"。

　　下面将通过任务 2 来了解，如何为函数添加参数，并在函数中使用这些参数。

🏴 任务2：使用带参数的函数进一步优化 Doe-Ray-Mi-3示例程序

仔细观察任务 1 创建的 3 个函数，它们的基本结构都一样，只是每个函数调用了不同的精灵，每个精灵说了不同的话，播放了不同的音乐。可以通过向函数添加参数，来进一步优化程序，把 3 个类似的函数合并为 1 个。

动手实践

1/2　为函数添加参数

进入 Arcade 编辑器，继续使用上个任务的程序，或加载示例程序 **arcade-L17-Doe-Ray-Mi-3.uf2**。在屏幕下方修改项目名为 **Doe-Ray-Mi-4**。

选中 playDoe 函数程序块，右击，弹出快捷菜单，选择"编辑函数"，如右图所示。

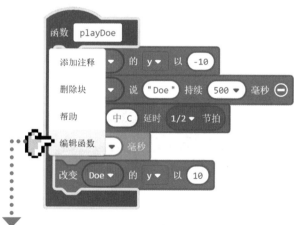

如右图所示，现在再次弹出了"编辑函数"对话框。

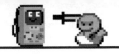

期望添加的参数有：

- 精灵（为函数指定是哪个精灵进行表演）。
- 精灵说的话（文本）。
- 演奏的音符（音符通常是数字）。

分别单击添加参数的"Sprite""文本"和"数字"按钮，现在窗口内的函数框变成了右图所示的样子。再单击"完成"按钮。

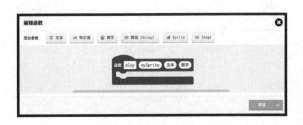

回到程序区，发现调用 playDoe 的函数都有了一些变化，如右图所示。

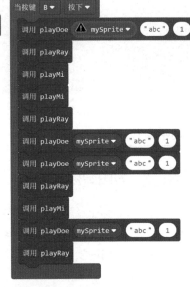

接下来需要对 playDoe 函数内部做一些修改。如下图所示，从函数顶部拖曳红色椭圆程序块"mySprite"到函数内所有使用"Doe"精灵的地方，把原来红色的"Doe"替换为红色的"mySprite"椭圆程序块。

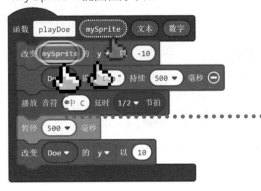

替换精灵后效果如右图所示，现在参数里的精灵"mySprite"取代了函数里的精灵"Doe"。

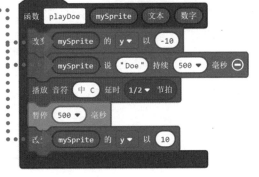

　　将函数参数里红色椭圆的"文本"程序块
拖曳到"mySprite 说'Doe'持续 500 毫秒"
程序块内，替换"Doe"，如右图所示。
　　现在参数"文本"取代了函数里精灵说的话。

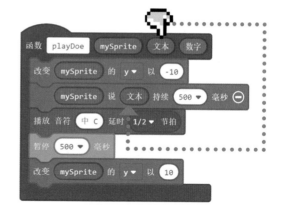

　　接下来将函数参数里红色椭圆的"数字"
程序块拖曳到"播放音符中 C 延时 1/2 节拍"
程序块里，替换"中 C"，如右图所示。
　　现在函数参数"数字"取代了播放的音符。

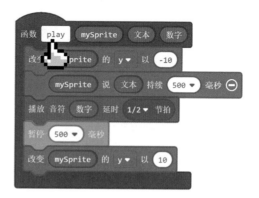

　　最后，单击函数名的位置，修改函数的名
称为"play"，如右图所示，一个通用的函数
就搭建好了。

2/2 调用带参数的函数

回到"当按键 A 按下"程序块，原来的 playDoe 函数已经变成了 play 函数，单击 "mySprite"旁边的下三角按钮，选择"Doe"，为函数指定第 1 个精灵参数为 Doe，如右图所示。

如右图所示，在"文本"参数处，输入精灵说的内容"Doe"。

如左下图所示，单击"音乐"标签，找到"中 C"音符程序块，拖曳到函数的"数字"参数处，如右下图所示。现在，一个完整的带参数的函数调用就实现了。

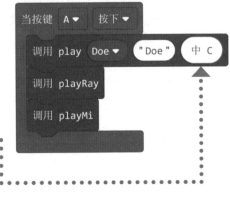

接下来，大胆删除原来的 playRay、playMi 函数，然后重新为 A 键定义其他 2 个调用。

如右图所示，复制"调用 play Doe 'Doe' 中 C"程序块，修改精灵为 Ray，说的文本修改为"Ray"。单击"中 C"，会弹出一个音阶选择图，可以指定这个函数播放音符"中 D"。

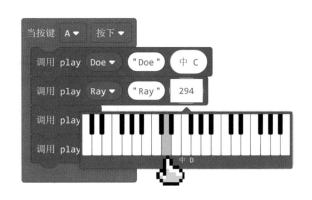

最终的程序如下图所示，实现了只用一个函数，通过指定函数的参数，让 3 个不同的角色演奏不同的音符。

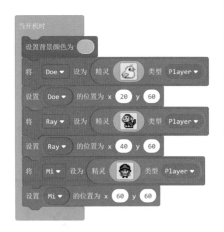

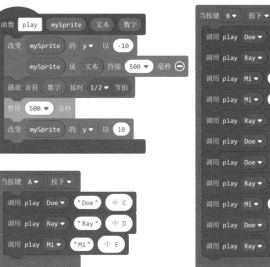

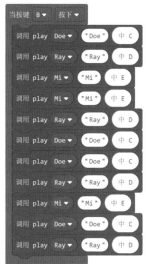

arcade-L17-Doe-Ray-Mi-4.uf2

扫码立即体验游戏
并获取程序

拓展玩法

> **在上面游戏的基础上增加一些拓展玩法，有兴趣的读者可以自己尝试。**

- 在任务 2 的基础上，补全其他 4 个音符的精灵，设置站位。
- 为 A 键设置使用 7 个音符演奏的函数调用。

白袍魔法师考题 17-1

下面关于 Arcade 函数的描述，哪几句是正确的？（多选）

☐　A. 函数可以理解为可复用的程序段

☐　B. 函数一旦设置，就无法修改

☐　C. 可以通过给函数添加参数，来提高调用函数的灵活性

☐　D. 一个函数只能被调用一次

18 关　使用 "飞镖" 扩展制作 "愤怒的小鸟"

在编程时，软件开发人员通常希望避免花费时间重新创建已经写过的代码。17 关学习了单个开发人员如何使用"函数"达到这个目的，但没有解决开发人员之间如何共享代码的问题。本关将学习如何使用 Arcade 提供的"扩展"标签来简化游戏开发。另外还会学习如何自己创造扩展，以及给小伙伴们分享自创的扩展。

🌐 知识点

扩展包

精灵
控制器
游戏
音乐
场景
游戏信息
循环
逻辑
变量
数学

高级
图像
函数
数组
文本
控制台
扩展

在创建 Arcade 新项目后，进入 Arcade 的编程界面。如左图所示，从"精灵"到"数学"标签，提供了可以直接使用的程序块，本质上也是系统提供的"函数"，所以称之为"内置函数"。

展开"高级"标签，允许在游戏中使用的"图像""函数"等其他高级功能的程序块。在左图"高级"标签的最下方，可以看到添加"扩展"的入口。

单击"扩展"，会弹出左图所示的扩展窗口，本关将学习其中的"darts（飞镖）"扩展。

通过"扩展"，甚至可以制作自己的代码包，以在游戏中共享或重用。

经典游戏回顾：《愤怒的小鸟》

2009 年 12 月，Rovio 开发了一款休闲益智游戏《愤怒的小鸟》(Angry Birds)。

游戏的玩法很简单，将弹弓上的小鸟弹出去，砸到绿色的肥猪，将肥猪全部砸倒就能过关。鸟儿的弹出角度和力度由玩家的手指来控制，要注意考虑好力度和角度的综合效果，这样才能更准确地砸到肥猪。

游戏之所以能取得巨大的成功，和开发者给玩家提供了一个直观的弹射抛物线有一定关系。

任务1：使用 "darts"（飞镖)扩展发射小鸟

我玩过《愤怒的小鸟》的游戏后，觉得游戏开发者的弹射体验设计真的很赞，如果要自己来实现弹射小鸟的功能，初学者会觉得有些无从下手。幸运的是，借助 Arcade 的 "darts"（飞镖）扩展，初学者也能较为轻松地做出类似发射小鸟的功能。

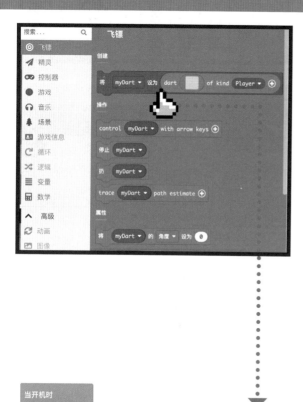

动手实践

1/3　添加 "darts（飞镖）"扩展

在浏览器打开 Microsoft Arcade 平台（具体操作见第 00 关）。

在 Arcade 主页新建项目，命名项目名称为：**发射小鸟**。

展开 "高级"菜单，单击 "扩展"标签，在弹出的 "扩展"列表里，单击 "飞镖"扩展。

回到编程界面后，如左图所示，发现标签栏的最上方出现了一个 "飞镖"的标签，单击可以展开看到有关飞镖的程序块，扩展添加成功。

2/3　发射小鸟

把 "将 myDart 设为 dart of kind Player"程序块，拖曳到 "当开机时"程序块里，如左图所示。

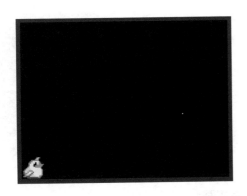

从图库里选择黄色的小鸟作为精灵的形象（如下图所示），现在从左图所示的模拟器画面中可以看到小鸟出现在屏幕的左下角。

单击程序块右侧的"+"按钮，可以看到这里可以指定小鸟的起始位置。为了方便观看效果，把起始坐标修改为（ x = 10, y = 60)，如下图所示。现在小鸟站在了屏幕左侧的中间位置，如左图所示。

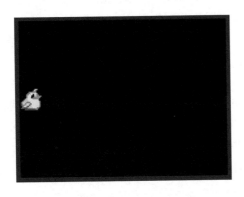

如左图所示，再次单击"飞镖"标签，找到"扔myDart"程序块，拖曳到编程区，如下图所示。

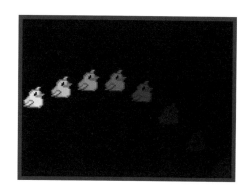

如左图所示，模拟器画面上已经可以看到，小鸟真的被"扔"了出去，只是这个动作只会自动运行 1 次，玩家并不能控制。

3/3　添加发射控制

现在小鸟已经能够被发射，不过我们期望的操作控制是这样的：**玩家可以通过方向键调整发射角度和距离，并在认为合适的时机，按下 A 键发射**。

如左图所示，再次打开"飞镖"标签栏，看看还有哪些程序块可以用，先试试"trace myDart path estimate（跟踪 myDart 路径估计）"，把它拖曳到编程区域。为了避免小鸟一开始就被扔掉，把"扔 myDary"的程序块先移出。如下图所示。

如下图所示，单击"跟踪 myDart 路径估计"程序块右边的"+"按钮，设置为"开"。现在可以在左图模拟器里看到小鸟多了一条代表路径的虚线，感觉和《愤怒的小鸟》有点接近了。

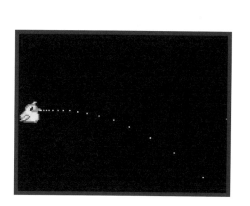

如左图所示，找到并添加"control myDart with arrow keys"（控制 myDart 以箭头键）程序块到编程区。

如左图所示，现在已可以通过方向箭头，调整路径虚线的角度和远近了。

如下图所示，单击"控制器"标签，添加"当按键 A 按下"程序块，并将"扔 myDart"程序块放入该程序块内。

为了方便发射小鸟，单击"飞镖"标签，拖曳添加"改变 myDart 的角度 以 0"程序块，并修改角度为 45 度，让小鸟直接处于待发射的最佳角度位置。

现在只要按 A 键，就可以"扔"小鸟了。

将程序下载到 GameGo 上进行体验。

arcade-L18- 发射小鸟 .uf2

扫码立即体验游戏
并获取程序

🚩 任务2：分享 "发射小鸟" 项目，并在其他项目里调用

通过任务 1 获得了一只可以发射的小鸟。Arcade 还提供了分享功能，让用户能够通过链接或二维码把自己制作的游戏分享出去，并可以在其他项目中调用。在任务 1 中为小鸟添加了按键控制，移动方向键，可以调整发射小鸟的角度和距离。如果在新项目里也添加按键的控制程序，会有什么影响？来试试看。

动手实践

1/3　分享 "发射小鸟" 项目

加载 **arcade-L18- 发射小鸟 .uf2** 程序，如下图所示。

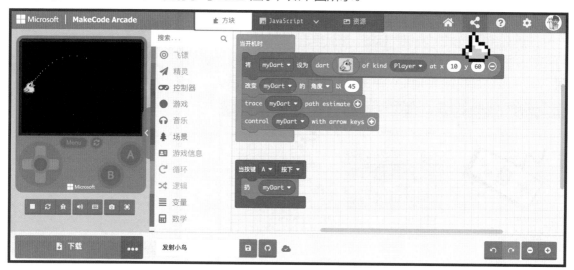

如右图所示，弹出"分享项目"窗口，单击右下方的"Publish project(发布项目)"按钮。

项目发布后，会弹出一个新窗口，给出一个分享项目的链接。除了获得链接，还能把项目直接发布到社交媒体或 MakeCode 的论坛。

分享项目窗口还提供了一个二维码，如果用手机扫二维码，可以直接在手机中打开分享项目的模拟器并试玩。本书中所有示例项目的二维码，都是通过这种方式获得的，如右图所示。

接下来，记得复制链接，并打开一个记事本，将项目的共享链接粘贴进去并保存。

2/3 建立新项目，导入"发射小鸟"项目

单击"主页"按钮，回到 Arcade 的首页。单击"新建项目"按钮，输入新项目名称**发射小鸟共享**。

在新项目中，单击"高级"标签，然后单击"扩展"子标签，打开扩展窗口。在扩展窗口的搜索框内，粘贴上一步创建的"发射小鸟"项目共享链接的地址，单击搜索按钮，如下图所示。

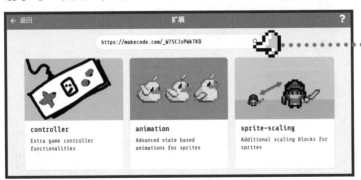

如右图所示，这时可以看到 "发射小鸟" 的项目出现在扩展窗口中，单击搜索到的项目。

如下图所示，神奇的事情出现了，在模拟器里可以看到待发射的小鸟，但在编程区看不到和小鸟有关的程序块。

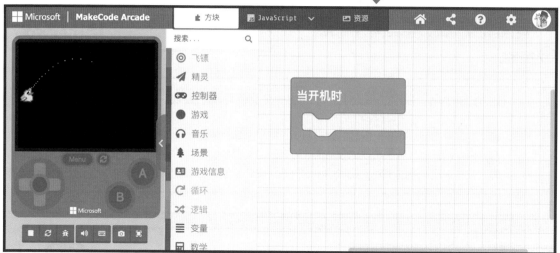

3/3　检验导入的共享项目与现有项目的冲突

任务 1 为小鸟添加了按键控制，移动方向键，可以调整发射小鸟的角度和距离。如果在新项目里也添加按键的控制程序，会有什么影响？让我们来试试看。

为新项目添加一个修改背景色的程序块。

添加一个小英雄的精灵到场景中。单击 "控制器" 标签，拖曳并添加 "使用按键移动 mySprite" 程序块。

完成的程序如右图所示。

如下图所示，在模拟器中使用方向按键，可以看到抛物线和小英雄都在变化。

arcade-L18- 发射小鸟共享 .uf2

扫码立即体验游戏
并获取程序

 拓展玩法

在"发射小鸟"程序的基础上，改造出一个真正可玩的游戏，下面是一些建议。

■ 在屏幕右侧添加随机出现的射击目标，如果小鸟命中目标，增加得分。

■ 添加倒计时，玩家可以比较在倒计时范围内的得分高低。

■ 共享自己改造的游戏，让其他小伙伴或父母体验你的游戏。

白袍魔法师考题 18-1

下面关于 Arcade 扩展的描述，错误的是？

☐ A. Arcade 用户不能把自己编写的程序共享给其他用户使用

☐ B. 通过添加"扩展"可以获得更强的编程能力

☐ C. Arcade 用户可以把自己编写的程序共享给其他用户使用

☐ D. Arcade 用户可以通过扩展输入共享链接的方式，导入其他用户的程序

19 关　动画！动画！

对大多数游戏而言，"动画"可能是制作游戏的基础功能。对于 Arcade 来说，默认的功能并不包含"动画"功能，需要通过"animation"扩展，获得动画能力。

🌍 知识点

> 💀 **注 意**
> 快速翻本书，看这个位置，便能体验"逐帧动画"效果。

费纳奇镜与逐帧动画

早在 1832 年，比利时人约瑟夫·普拉陶 (Joseph Plateau) 和奥地利人西蒙·冯施坦普费尔 (Simon von Stampfer) 发明了费纳奇镜 (Phenakistoscope)，可播放连续动画，是早期无声电影的雏型。

费纳奇镜变体之一是在一个手柄上垂直安装的盘片 (如右图所示)。盘片上围绕中心绘制了一系列图片，是动画对应的帧，图片的周围是一系列狭缝。使用者旋转盘片，通过移动的狭缝看盘片在镜子里反射的图像。使用者看到图片接连出现，由于视觉暂留，便会得到连续播放效果。另一种变体有两个盘片，一张有狭缝，另一张上面是图片，这样不需要镜子的反射就可以看到动画。

如下页右图，一个女人透过圆盘的缝隙观看镜子中的动画 (图片源自 E.Schule 在费纳奇镜圆盘盒标签上的插图细节，大约绘于 1833 年)。

Arcade 图库中的动画素材

Arcade 使用"逐帧动画"的方式来实现动画效果。其原理是在"连续的关键帧"中分解动画动作，也就是在时间轴的每帧上逐帧绘制不同的内容，使其连续播放而形成动画。

通过添加精灵的程序块，打开熟悉的 Arcade 图库资源，如下图，可以看到这里为许多角色都提供了逐帧动画的素材，下面将学习如何让它们在游戏里动起来。

🚩 任务1：让小丑鱼游起来

如下图所示，在 Arcade 的动画库里，可以找到一组小丑鱼尼莫的图像，这是尼莫游动动画的 4 帧图像。下面看看如何利用这 4 张图像，让尼莫在游戏里游起来。

动手实践

1/2　共享"发射小鸟"项目

在浏览器中打开 Microsoft Arcade 平台（具体操作见 00 关）。

进入 Arcade 编辑器，新建项目，修改项目名称为**尼莫动画**。

如左图所示，在编程界面中展开"高级"菜单，单击"扩展"中标签，在弹出的"扩展"窗口的列表里，单击"animation"扩展。

如左下图所示，回到编程界面后，发现标签栏新增了"动画"标签，单击它可以看到有关动画的程序块，扩展添加成功。

2/2　让尼莫动起来

在"动画"标签栏里，有个"动画 mySprite"的程序块，先将它拖曳到编程区试试。如左图所示，出现了警告，原因是还没有添加精灵到场景中。

补上设置精灵的程序块后，警告消失了，如左图所示。

接下来，单击 frames 右边有动画图标的灰色方块。

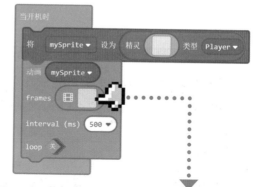

如下图所示，出现了熟悉的编辑器，只是右侧多了一个和动画有关的区域，这里是添加动画帧的地方（红色方框区域）。

单击上图编辑器顶部的"图库"，在右图所示图库列表中，在找到小丑鱼的动画（带有摄像机图标），单击第一张小丑鱼的动画。

如下图所示现在看到右侧有了一个动画效果预览图和 4 张静态帧图片，这个动画的所有帧都被加载了进来。

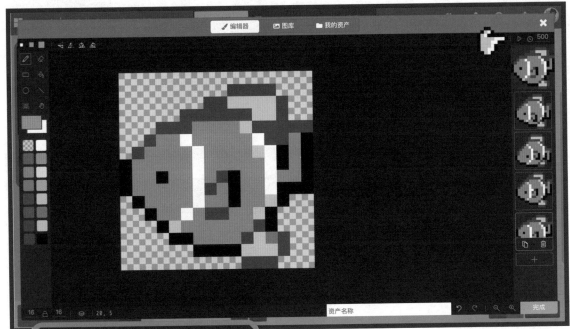

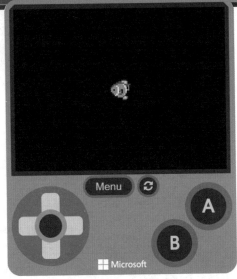

小丑鱼的帧序列上方，有个播放按钮，和数字"500"（代表每帧播放时间为 500 毫秒），单击播放按钮，感觉小丑鱼的动作有点迟钝，将 500 毫秒修改为 200 毫秒，发现动作流畅了许多，单击右下方的"完成"按钮。回到编程区域，如左图所示，可以在模拟器中看到尼莫动了，但只动了一下。

如右图所示，单击程序块 loop 右侧的开关按钮，设置为"开"状态，现在尼莫动个不停了。

对于在海里的鱼儿，如果尼莫可以随着波浪做一定幅度的上下摆动，就会更真实。

如下图所示，单击"动画"标签，有一个"动画 mySprite with 飞到中心 for(ms)2000 loop 关"的程序块，尝试将它拖曳到编程区。

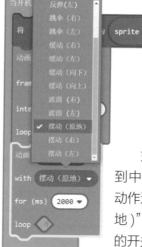

如左图所示，单击"飞到中心"，在弹出的各种动作选项中找到"摆动(原地)"，然后打开"loop"的开关。

现在尼莫开始在原地摆动，真的活了。

arcade-L19- 尼莫动画 .uf2

扫码立即体验游戏
并获取程序

我的海底世界

根据上个任务的动画知识，我利用素材库搭建出了一个海底世界，读者可以直接查看海底世界的示例。

进入 Arcade 编辑器，加载示例程序 **arcade-L19- 我的海底世界 .uf2**，然后将程序下载到 GameGo 运行。

加载示例程序后，在模拟器中按 A 键，可以释放一条珊瑚鱼游过屏幕，按 B 键可以释放一个寄居蟹爬过屏幕。请仔细查看程序，了解以下动画的实现方法。

- 珍珠贝的气泡动画是如何实现的？
- 按键 A 或 B 释放珊瑚鱼或寄居蟹的动画是如何实现的？

 拓展玩法

使用素材库的动画素材，搭建自己的动画世界。

arcade-L19- 我的海底世界 .uf2

扫码立即体验游戏
并获取程序

白袍魔法师考题 19-1

下面关于 Arcade 动画的描述，正确的是？（多选）

- ☐ A. Arcade 不支持动画功能
- ☐ B. Arcade 可以通过动画扩展为精灵设置帧动画
- ☐ C. Arcade 的动画扩展不具备循环播放的功能
- ☐ D. Arcade 的动画扩展可以设置帧的间隔时间

第 07 章 逻辑思维

20 关　越来越难的《星际穿越》

　　游戏开发者在游戏制作的过程中，会面对大量的逻辑问题。比如玩家到达什么条件可以提升等级、开启某项技能；满足什么条件可以获得某个道具、装备；甚至在和 NPC 对话的时候，玩家选择不同的回答可能需要给出不同的回应。这一切，都离不开"逻辑"。

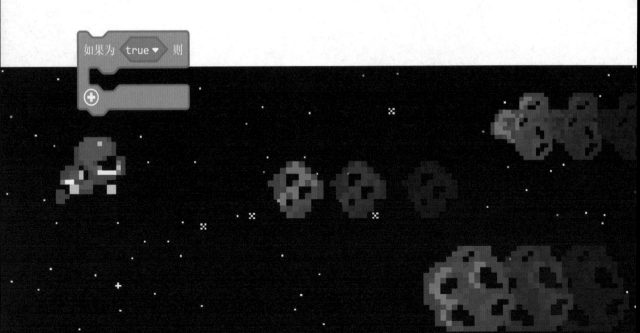

知识点

逻辑中的比较，if 语句，比较运算符

　　软件开发中的逻辑功能，允许程序对不同的情况做出判断和适当的响应。"逻辑"使得游戏具备一定的判断能力。

比较

　　在游戏中，经常要比较值，并在比较语句为 true（真）或 false（假）时采取措施。

　　例如，当生命值 =1 时，给玩家提示信息"注意：只有一条命了！"

　　之前关卡有关精灵重叠的程序块，本质就是"比较"，如下图所示。当指定类型的精灵出现重叠的时候（为 true），就执行框架内的程序，例如得分增加等。

　　在 Arcade 编程中比较常见的"比较"功能，是通过"逻辑"标签下和"条件"有关的程序块实现的，如右图所示。

Arcade的条件语句

　　单击"逻辑"标签，可以看到有两个"如果为 true 则"的程序块，它们本质是一个程序块的不同状态。"如果"语句的作用是执行逻辑判断。

　　下面程序块的意义是：如果判断结果为 true（真），则运行所包含的程序。然后继续执行下面的程序。单击程序块中的"+"号，会增加"否则"栏，如右下图所示。

　　如果判断结果为 true（真），则运行 true 包含的程序；如果为 false（假），就运行"否则"栏包含的程序，然后继续执行下面的程序。

　　继续单击"+"可以一直添加，进行多重条件判断。

条件语句内的"比较"行为，可以通过一些特定的"菱形"程序块实现，一些常见的用于做比较判断的程序块见右下图。

　　"控制器"标签下是用来检测按键按下的程序块。

　　"场景"标签下是用来检测碰撞的程序块。

　　最多的，还是在"逻辑"标签下的 "比较" 和 "布尔值"类的程序块。

比较运算

　　比较运算符常用于对两个数字或变量进行比较，得出 true(真) 与 false(假) 的判断。比较运算符可以指定正在执行的比较类型，一些基本的比较可以通过中间的菜单进行选择，如下图和下表所示：

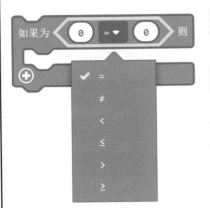

比较符号	名称	说明
=	等于	左右两个值相等为 true(真)
≠	不等于	左右两个值不相等为 true(真)
<	小于	左边的值小于右边的值为 true(真)
≤	小于等于	左边的值小于或等于右边的值为 true(真)
>	大于	左边的值大于右边的值为 true(真)
≥	大于等于	左边的值大于或等于右边的值为 true(真)

布尔值通常用来达成一些条件更复杂的判断。

- "与"代表左右两个条件都是 true(真)，结果才是 true(真)。
- "或"代表左右两个条件只要有一个是 true(真)，结果就是 true(真)。
- "非"代表如果条件为 false(假)，结果就是 true(真)。

下面通过一个任务看看，逻辑判断在游戏中是如何发挥作用的。

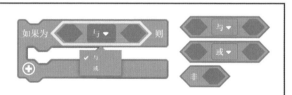

⚑ 任务：越来越难的星际穿越

我准备了一个示例：**arcade-L20- 星际穿越 .uf2**。

玩家使用上下键控制宇航员穿过陨石区域，陨石每隔 500 毫秒，从右侧随机位置向左飞来。玩家每成功穿过一块陨石，得分加 1。如果玩家撞上陨石，游戏结束。

现在的问题是，陨石的速度很慢，让这个游戏变得完全没有挑战，期望做以下修改。

- 初级模式：如果得分小于 10，玩家按键移动速度 vy = 50，陨石速度 vx = -50，间隔 500 毫秒。
- 中级模式：如果得分大于等于 10，并且小于 30，玩家按键移动速度 vy = 100，陨石速度 vx = -100，间隔 350 毫秒。
- 高级模式：如果得分大于等于 30，并且小于 100，玩家按键移动速度 vy = 300，陨石速度 vx = -300，间隔250毫秒。
- 狂暴模式：如果得分大于等于 100，玩家按键移动速度 vy = 500，陨石速度 vx =-500，间隔 200 毫秒，并且每穿过 1 个陨石的得分 ×5。

这样玩家在初级模式上手后，会由于整体速度逐步加快而面临更大的挑战和得分奖励。

arcade-L20- 星际穿越 .uf2

扫码立即体验游戏
并获取程序

动手实践

1/5　加载示例并试玩

进入 Arcade 编辑器，加载示例程序：**arcade-L20- 星际穿越 .uf2**，程序如右图所示。

程序加载后，修改项目名称为：**星际穿越 2**，并在模拟器中试玩。

2/5　添加"初级模式"的条件判断

首先看"初级模式"的设定：如果得分小于 10，玩家按键移动速度 vy = 50，陨石速度 vx = -50，间隔 500 毫秒。

单击"逻辑"标签，拖曳"如果为 true 则……"程序块到"当游戏每隔 time 毫秒更新时"程序块内。将"0 < 0"程序块，拖入条件判断程序块的菱形区域，如下图所示。

如左下图所示，单击"游戏信息"标签，拖曳"分数"程序块到比较运算符程序块"如果为……则"的左边，在比较运算符右边，将 0 修改为 10。如此完成了一个完整逻辑条件判断的设定：如果分数小于 10。接下来需要为满足此条件的情况添加控制程序：玩家按键移动速度 vy = 50，陨石速度 vx = –50，间隔 500 毫秒。分别从控制器、精灵、变量标签栏找到需要的程序块并设置，程序如右下图所示。

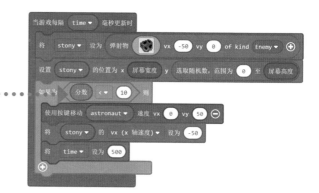

3/5　添加"中级模式"的条件判断

因为后面还有"中级模式""高级模式"和"狂暴模式"，所以单击条件判断程序块下面的"+"按钮 3 次，如右图所示。

"中级模式"的条件是：如果得分大于等于 10，并且小于 30，则玩家按键移动速度 vy = 100，陨石速度 vx = –100，间隔 350 毫秒。

如下图所示，单击"逻辑"标签，找到布尔值的 "…… 与 ……"程序块，拖入条件判断程序块的菱形区域。

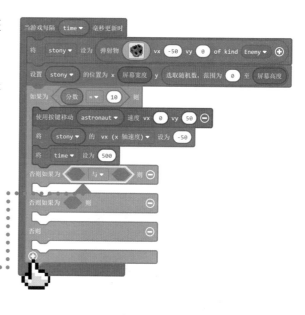

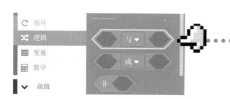

在左图所示位置右击，在弹出的菜单中选择"重复"。

复制程序块，将它嵌入"……与……"的左侧菱形内，修改数值为 30；再次复制程序块，将它嵌入"……与……"的右侧菱形内，修改比较运算符为 ≥（大于等于），修改右侧的数值为 10。这样就完成了一个完整的逻辑条件判断的设定：得分大于等于 10，并且小于 30，如下图所示。

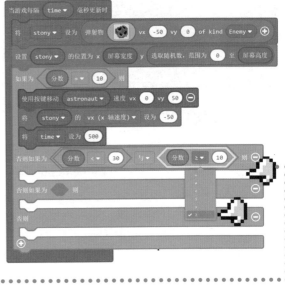

接下来需要为满足此条件的情况添加控制程序：玩家按键移动速度 vy = 100，陨石速度 vx = -100，间隔 350 毫秒。通过复制添加程序块并设置，如左上图所示。

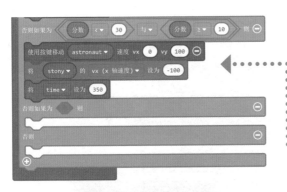

完成程序的设置后，在模拟器中测试，当得分大于 10 以后，能明显感觉到陨石的加速和控制速度的变化，如左图所示。

4/5 完成所有模式的判断设定

接下来还有两个模式的设置需要添加：

■ 如果得分大于等于 30，并且小于 100，玩家按键移动速度 vy = 300，陨石速度 vx = -300，间隔 250 毫秒（高级模式）。

■ 如果得分大于等于 100，玩家按键移动速度 vy = 500，陨石速度 vx = -500，间隔 200 毫秒，并且每穿过 1 个陨石的得分 ×5（狂暴模式）。

使用复制功能添加需要的程序块。右图是添加了"高级模式"和"狂暴模式"部分的程序块，想想为什么不用设置"如果得分大于等于 100"的条件判断？

做完这个修改后，游戏的挑战性徒增。进入"高级模式"后玩家的存活率会大减，但挫败感会激发玩家继续挑战的兴趣。

最后还有一个功能未实现，就是"狂暴模式"的得分 ×5。

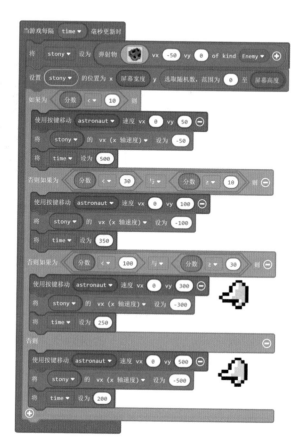

5/5 完成所有模式的判断设定

要实现得分 ×5 功能，还需要在添加得分的位置进一步增加条件判断。修改后程序如右下图所示。

arcade-L20- 星际穿越 2.uf2

扫码立即体验游戏
并获取程序

将程序下载到 GameGo 上进行体验。

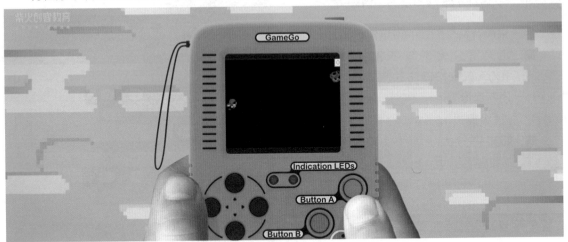

 拓展玩法

改进游戏，让星际穿越变得更完整

■　在游戏开始的时候，添加封面。

■　在模式切换的时候，给出提示，或使用一些方式让玩家明白难度要提高了。

白袍魔法师考题 20-1

关于 Arcade 的逻辑的描述，错误的是？（多选）

☐　A. Arcade 的逻辑功能无法判断"大于等于"的情况

☐　B. 使用布尔运算和比较运算可以实现较为复杂的逻辑判断

☐　C. 无法对多种不同状况进行逻辑判断

☐　D. Arcade 的逻辑功能只能用来比较得分

21 关　游戏试练：多人游戏《乒乓之战》

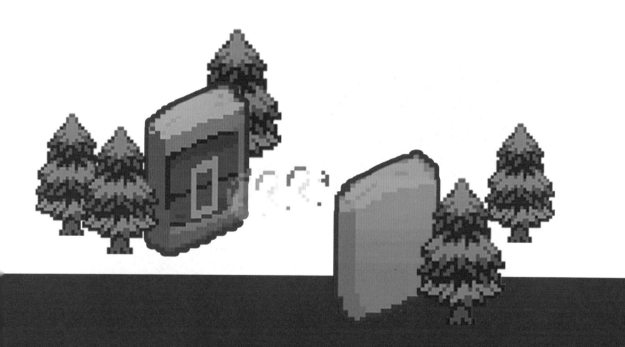

　　之前所有关卡任务制作的游戏，都是针对单个用户的。这类游戏也被称之为"单人游戏"，就是说游戏中只有玩家一个人。本关将学习创建可以让两个玩家同时玩的多人游戏——《乒乓之战》。

🌐 知识点

经典游戏回顾：最早的街机电子游戏之一 Pong

　　Pong 通常被认为是世界上第一个视频游戏（实际上并不是，但它在那个时期最有影响力），它是一款乒乓题材的简单体育游戏。制造商 Atari 于 1972 年在酒吧放了一台 Pong 的原型机进行测试。但没两天工作人员联系 Atari 说机器坏了，Atari 的工程师到酒吧检查，才知道是太多人玩导致机器被硬币撑爆了……

　　Pong 还是一款多人游戏，玩家只需要用一只手就可以控制。Pong 游戏机只有 2 个旋钮，分别由两个玩家控制各自的球拍，让到达己方的乒乓球弹回到对方那里，如果对方没有接住球，则己方加分。

　　因为操控和玩法极简，放在酒吧等公共场合的 Pong 街机甚至起到了社交润滑剂的作用，男女老幼都可以毫无障碍地进行对战。Pong 成为了早期最有影响力的街机游戏之一，Atari 也因此大赚。

⚐ 任务：复刻Pong——《乒乓之战》

这一节将利用前面所学，复刻经典游戏 Pong。

这个任务主要在模拟器上，通过键盘实现多人对战。Arcade 的模拟器默认支持 2 个玩家同时控制，因为这个游戏只需上、下按键就可以控制，所以对 2 个玩家的竞技，只需要用到 4 个按键，如下图所示。

■ 玩家 1：W、S 键
■ 玩家 2：I、K 键

> ☠ **注　意**
>
> 　　有些键盘会有同时按下按键数量的限制，这可能导致两人无法使用一个键盘进行对抗。可以通过电脑外接游戏手柄实现多人控制（比如 XBOX ONE 的手柄）。

动手实践

1/5 　添加玩家 1 球拍（红方）

在浏览器中打开 Microsoft Arcade 平台（具体操作见 00 关）。

在 Arcade 主页新建项目，命名项目名称为**乒乓之战**。

首先将精灵添加到场景中，修改精灵名称为 player1。

使用红色矩形工具，绘制出红方的球拍形象，如右图所示。

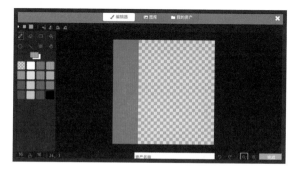

单击"控制器"标签，添加"使用按键移动 Player1"程序块，然后单击程序块的"+"按钮，将 vx 的数值修改为 0，避免其水平运动。

单击"精灵"标签，添加"设置 Player1 保持在屏幕中标志为 关"的程序块，设置为"开"状态，避免球拍从视野消失。将红方球拍的位置设置在屏幕左中的位置。现在程序如右下图所示。

现在已经可以在模拟器里（如左下图所示）看到红色球拍，并能使用 W 和 S 键控制球拍上下运动。

2/5 添加玩家 2 球拍（蓝方）与得分

和添加玩家 1 精灵的步骤类似，新增精灵，并新增变量 player2。

如右上图所示，在图像编辑器中使用蓝色绘制出蓝方的球拍。

添加控制程序的时候，注意要从"控制器"的标签栏选择 "多人游戏"下的"玩家 2 使用按键移动 mySprite"程序块，如右图所示。

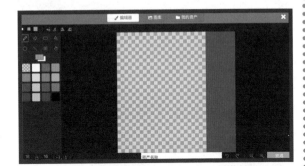

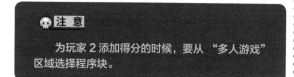

如左图所示，单击"游戏信息"标签，可以找到为玩家 2 设置得分的程序块。

修改玩家 2 的按键速度，保持在屏幕中的设置，以及初始在右侧位置，程序如下图所示。

🐧 **注 意**

为玩家 2 添加得分的时候，要从 "多人游戏"区域选择程序块。

如左图所示，现在比赛场地已经准备就位，在模拟器中通过键盘按键进行多人控制测试，可以看到红蓝 2 个球拍已经分开运动了。

- ■ 左手按 W、S 键。
- ■ 右手按 I、K 键。

3/5　创建乒乓球并实现发球

添加新的精灵后，新建变量 ball，并新建 ball 的类型为 pong(和 player 类型区分)。

在图片编辑器里绘制乒乓球的形象，如右图所示。

程序如右下图所示，现在在模拟器中可以看到已经有了乒乓球（如下图所示），接下来要考虑如何"发球"的问题。

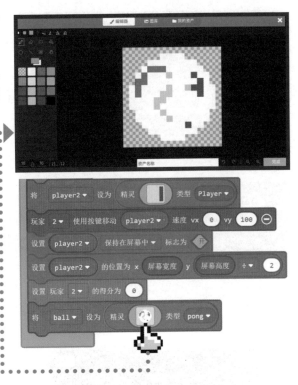

发球的方法设想如下：

■ 产生 0 和 1 之间的 1 个随机数，并赋值给变量 currentBall。

■ 如果为 0，就设置乒乓球的 vx = −75，让乒乓球向左边发出；如果为 1，就设置乒乓球的 vx = 75，让乒乓球向右边发出。

新增的程序如右图所示。按照设定添加程序块，然后在模拟器中使用复位按钮，测试乒乓球每次随机向左或向右发球的效果。

现在每次单击复位按钮，乒乓球都会向左或向右随机弹出来，但会直接飞出屏幕。

4/5　实现反弹

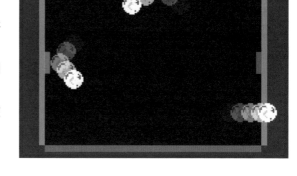

如右图所示，首先整理出乒乓球的事件
需求：

- 碰到上下边缘（紫色区域），或与球拍
  重叠时，乒乓球都会反弹。
- 碰到左右边缘（绿色区域），则会触发
  得分事件：乒乓球落入左边，蓝方得分；
  落入右边，红方得分。

触发反弹的逻辑条件和反弹实现方式如下。

- 乒乓球碰到上下边缘的条件是，y 坐标小于 0，或者大于屏幕高度。实现反弹的措施：乒
  乓球的 vy 反向，即 vy×-1。
- 乒乓球与球拍重叠。实现反弹的措施：乒乓球的 vx 反向，即 vx×-1。

用编程实现分析出来的逻辑过程，因为这个判断需要不断进行，所以首先单击"循环"标签，
拖曳"无限循环"程序块到编程区。乒乓球碰到上下边缘的逻辑判断与反弹的实现程序如右下图
所示。

乒乓球与球拍重叠的逻辑判断与反弹的实
现程序如下图所示。

如左图所示，现在已经可以在模拟器中看
到乒乓球来回反弹了。

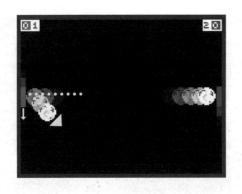

现在用球拍去反弹乒乓球的时候，会有一个问题：由于只修改了乒乓球 vx 值，所以当乒乓球垂直碰撞球拍的时候，会垂直反弹，这导致球沿 x 轴方向在两球拍之间直来直去地运动，这不是期望的效果。

如果要避免这种情况，就需要给乒乓球的反弹增加"搓球"效果。

"搓球"方案也很简单，就是反弹的时候，让乒乓球反弹后的 vy 速度 = 乒乓球反弹前的 vy 速度 + 乒乓球拍的 vy 速度，效果如左上图所示。

这需要额外增加判断，看是红方还是蓝方的球拍和乒乓球重叠了。继续修改程序如左图所示。

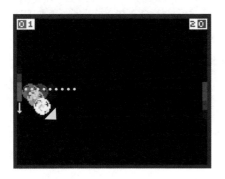

如左图所示，现在在模拟器中测试，当球垂直红拍运动时，红拍向下运动，反弹后搓球的效果已经出现。现在就差得分了。

5/5　实现得分

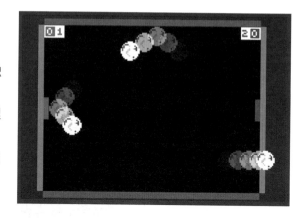

乒乓球到达左右边缘（绿色区域），则会触发得分事件：如果乒乓球落入左边，蓝方得分；落入右边，红方得分。其逻辑判断条件和处理事件如下。

- 乒乓球的 x 值如果小于 0（出屏幕左侧）
  - ○ 蓝方 (player2) 得分 +1
  - ○ 销毁乒乓球
  - ○ 重新发球
- 乒乓球的 x 值如果大于屏幕宽度（出屏幕右侧）
  - ○ 红方 (player1) 得分 +1
  - ○ 销毁乒乓球
  - ○ 重新发球

这里两次用到 "重新发球"，所以可以写一个重新发球的函数，来避免重复的代码块。

在高级标签下找到函数子标签，创建函数 newBall。将发球有关的程序块拖入 newBall 函数中，然后在需要的地方进行调用。最终的程序如下图和右图所示。

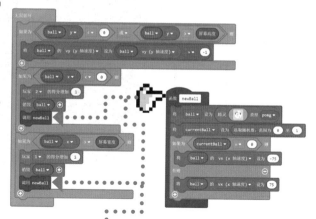

现在可以在模拟器上通过键盘正式开始双人比赛和计分了。

arcade-L21- 乒乓之战 -2. uf2

扫码立即体验游戏
并获取程序

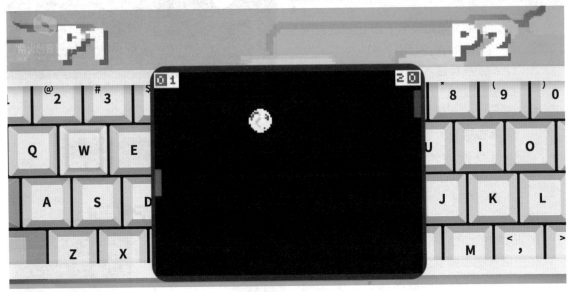

拓展玩法

努力实现游戏完整性

在玩的过程中，感觉还有一些需要改进的地方，包括：

- 需要给游戏一个结束方式，比如谁先获得 10 分，就宣布游戏结束。
- 如果在得分、反弹、游戏结束的时候，有一些音效或音乐会更好。

请在前面程序的基础上进行改进。如果有困难，可以扫码查看提供的参考示例。

arcade-L21- 乒乓之战 - 完整 .uf2

扫码立即体验游戏
并获取程序

第08章　从地图编辑到关卡设计

22 关　我的第一张游戏地图：地牢迷宫

　　在你玩很多游戏时，都会看到由许多重复元素（花草树木、山石房屋等）组成的庞大的可探索的世界，它们中的许多都用到了图块地图 Tilemap 技术。本关将开始学习这种神奇的技术，用它为我们的游戏构建真正像样的游戏地图。

🌐**知识点**

图块地图 Tilemap 与游戏地图

图块地图 Tilemap

在很多角色扮演游戏 (RPG) 或横版闯关类游戏中，图块地图 Tilemap 技术被广泛用来构建游戏地图。这种技术能让制作者使用很少的图像素材，构建出相似度很大的大地图场景或关卡。

例如超级马里奥的第一关的场景，一个屏幕看到的画面很简单，如下图所示。

如果仅仅把整个第一关的图片全部展开，图像宽度将超过 3500 像素（如下图所示）。超级马里奥有 31 个关卡，全部关卡地图占用的像素极其惊人。

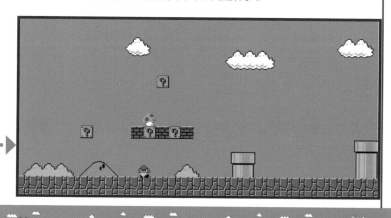

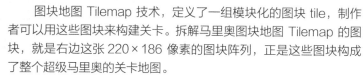

图块地图 Tilemap 技术，定义了一组模块化的图块 tile，制作者可以用这些图块来构建关卡。拆解马里奥图块地图 Tilemap 的图块，就是右边这张 220×186 像素的图块阵列，正是这些图块构成了整个超级马里奥的关卡地图。

在编辑整个关卡地图的时候，制作者可以用这些图块搭建出巨大的关卡，并且可以很方便地为这些图块定义各种属性，比如墙壁图块可以让马里奥站立等。

Arcade 场景中的图块地图

图块地图可以使用较小的图像（图块）来表现比游戏屏幕大得多的游戏空间。在 Arcade "场景" 标签下，可以找到有关 "图块" 的程序块。如左下图所示，将 "设置图块地图为……" 程序块拖曳到编程区。

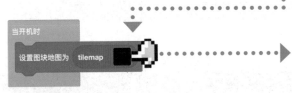

单击上图的灰色方框，会打开右图的图块地图编辑器。

注意左侧工具栏的大部分功能，和之前绘制精灵造型的图像编辑器功能类似，Gallery 里面提供了一些常用的图块素材。

鉴于 Arcade 已经提供了常用的地图素材，如果你是对自己的美术功底没有足够自信的初学者，建议尽量使用图库资源。

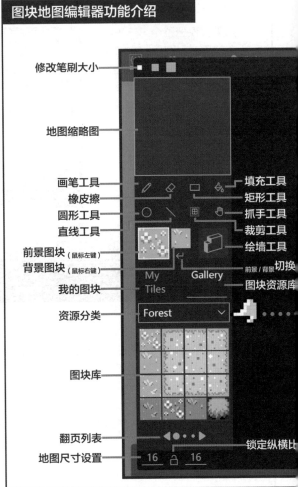

图块地图编辑器功能介绍

修改笔刷大小
地图缩略图
画笔工具　　　　　　　填充工具
橡皮擦　　　　　　　　矩形工具
圆形工具　　　　　　　抓手工具
直线工具　　　　　　　裁剪工具
前景图块（鼠标左键）　　绘墙工具
背景图块（鼠标右键）　　前景/背景切换
我的图块　　　　　　　图块资源库
资源分类
图块库
翻页列表
地图尺寸设置　　　　　锁定纵横比

在 Arcade 中，一个小地图图块的尺寸是 16×16 像素。默认的地图绘制尺寸为 16×16，这是什么概念呢？一个图块的尺寸是 16×16 像素，那 16×16 的图块地图像素数 =(16×16)×(16×16)，就是 256×256 像素那么大，比例如右图所示。

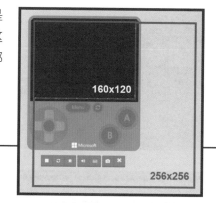

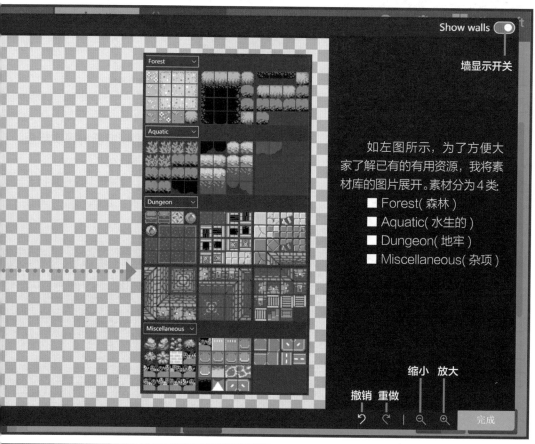

如左图所示，为了方便大家了解已有的有用资源，我将素材库的图片展开。素材分为 4 类：
- Forest(森林)
- Aquatic(水生的)
- Dungeon(地牢)
- Miscellaneous(杂项)

如左图所示，为了方便建立概念，我选出"Dungeon"主题下的 2 个图块，在默认的 16x16 区域绘制一个简单地图，如下图所示。

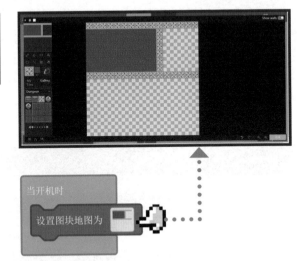

完成后，可以看到左图模拟器屏幕实际显示的区域，确实只有预期的那么大。

下面将通过任务，使用"地牢"类的素材，制作一张真正意义上的 RPG(角色扮演) 游戏地图。

⚑ 任务1：使用图块地图为"地牢迷宫"游戏制作RPG地图

在开始正式动手编辑地图之前，建议先做好地图的规划图。

规划图要弄清楚的是：

- ▣ 地图的尺寸。
- ▣ 地牢的布局。

有了规划图，然后再上机做地图的编辑。

动手实践

1/3 规划地图尺寸和网格

如果地牢的地图等于或小于屏幕的尺寸，对玩家而言，一切尽收眼底，会毫无悬念和探索的乐趣。当然也不是越大越好，太大的地图，开发者需要花费大量时间进行编辑，玩家跑得也很辛苦。所以开发者需要充分考虑地图的大小。

对一个用于初学者试炼的场景，我准备做一个 18×13 格（相当于 288×208 像素）的地图，如右图所示。

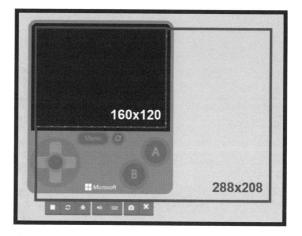

为了便于绘制地图，我在本课的附件（请扫描封底"本书资源"二维码下载）中准备了一个网格文档：**grid.pdf**，文档是为 A4 纸设计的，可以下载后打印。

打印好后，准备好铅笔和橡皮，如果有粗的记号笔，会更好一些，如左下图所示。使用记号笔描绘出"18×13 地图"的边界，现在准备工作就绪，如右下图所示。

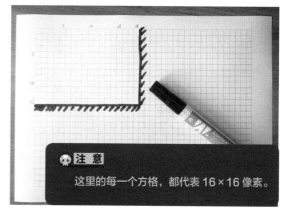

注 意

这里的每一个方格，都代表 16×16 像素。

2/3 **在网格上设计地牢平面图**

经过一番努力和尝试，我绘制出了地牢的平面图，如下图所示。中间阴影区域是玩家可以行走的区域。

有了这张图，可以进入 Arcade 里正式编辑了。

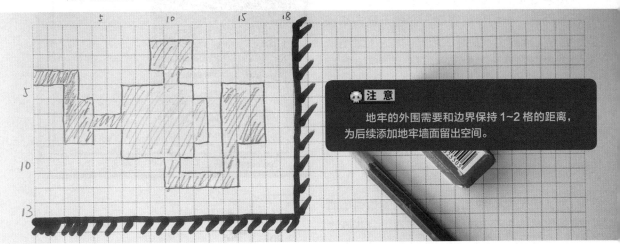

> ☠ 注 意
> 地牢的外围需要和边界保持 1~2 格的距离，为后续添加地牢墙面留出空间。

3/3 **在 Arcade 里编辑地图**

在浏览器中打开 Microsoft Arcade 平台（具体操作见 00 关）。

在 Arcade 主页新建项目，项目名称为**地牢迷宫**。

a. 单击"场景"标签，拖曳"设置图块地图为……"程序块到编程区。单击程序块里的灰色方框，如右上图所示，进入地图编辑器。

将 Gallery 的分类切换到 Gungeon（地牢）类别。然后在左下角设置地图尺寸为 18×13，如右图所示。

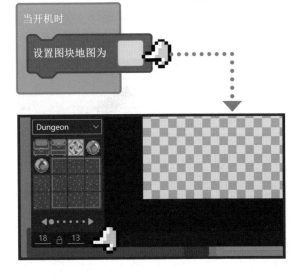

b. 参考前面绘制的平面图，选中深紫色的地面图块，把地牢的平面图 做出来，如右图所示。

接下来添加墙面，为了营造一些恐怖气氛，这里准备使用绿色系的墙面（如下图所示），对地牢进行外墙装修。这时候，要特别注意选择各种转角的图块进行拼合。

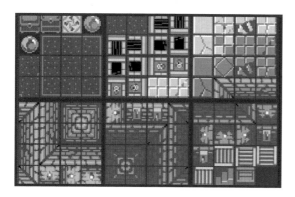

c. 为了方便定位转角位置，先找到合适的转角图块放置到各转角处，如右图所示。

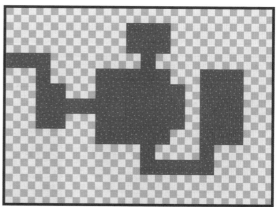

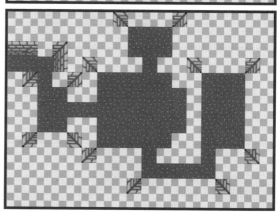

d. 发现有几处区域因为留空不够，导致缺少必要的墙体空间，如下图所示。

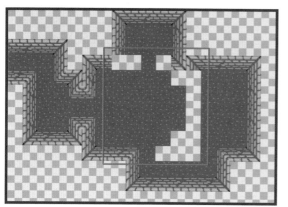

e. 还好之前有一定的余地，使用裁切工具，可以整块地裁切移动，如下图虚线框所示。

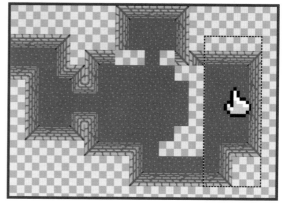

f. 裁切移动后的效果如下图所示。

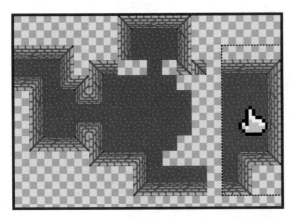

h. 搬移后，路和墙都出现了错位，需要重新调整一番，如下图所示。

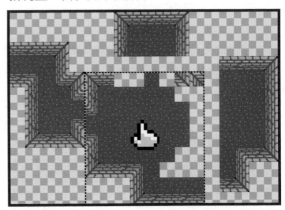

g. 选中整个中庭，如下图虚线框所示，向下拖动。

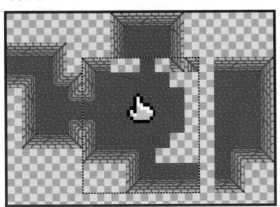

i. 经过一番努力修补后，墙体装修完毕，如下图所示。

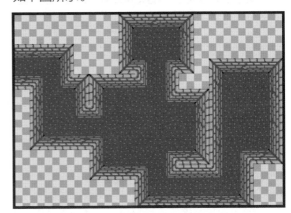

j. 给整个地图添加一些灯饰，让它显得更自然，如左下图所示。再增加更多细节，比如开关、陷阱、宝箱等，如右下图所示。

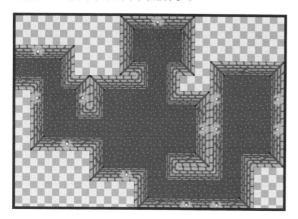 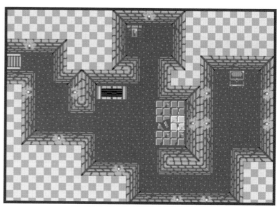

k. 最后，定义地图的"墙"，就是编辑出那些不可行走的区域。如下图所示，完成后单击右下角的"完成"按钮。

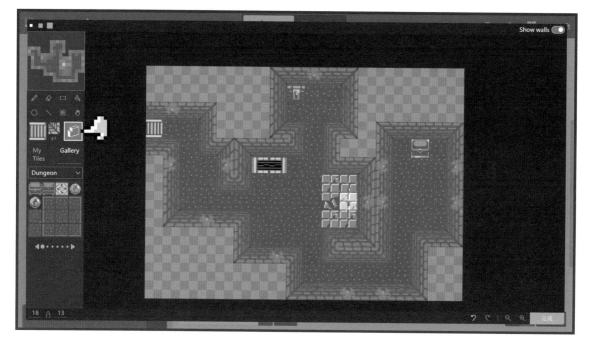

回到编程区域，在模拟器里，已经可以看到地图的样子。单击项目名称旁边的保存按钮，保存项目，避免劳动成果丢失，如下图所示。

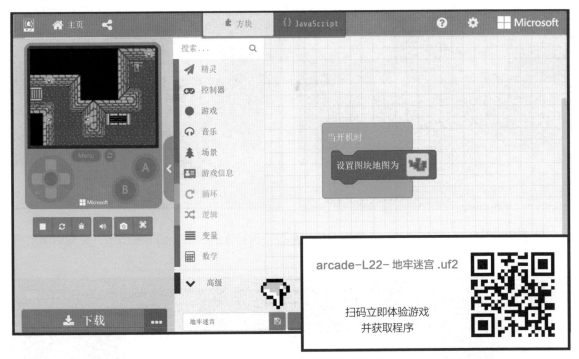

🚩 任务2：迷宫探险

经过一番努力后，终于做出了靠谱的地牢地图。这个任务将学习如何将角色放置到地图中，并让屏幕画面跟随角色移动。

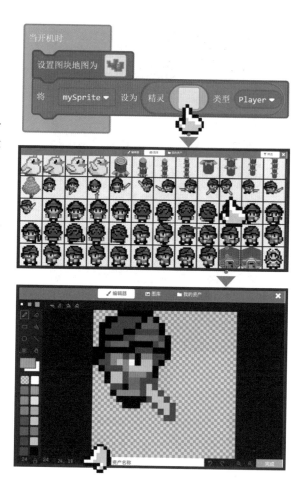

动手实践

1/3 向地图场景添加角色

进入 Arcade 编辑器，继续使用上一个任务做好的地图文件，或加载示例程序 **arcade-L22- 地牢迷宫 .uf2**。程序加载后，修改项目名称为**地牢迷宫 2**。

添加精灵到编程区，程序如右上图所示。如右图所示，打开图库，选择一个手拿剑、面向右方的角色，作为地牢冒险的主角。

注意看右图左下角，角色的尺寸是 24×24，先试试看会产生什么效果。

如下图所示，小英雄出现在了屏幕中间，还缺少按键控制，需要让他尽快动起来。

添加了按键控制后，程序如右图所示。

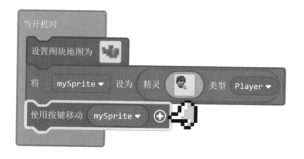

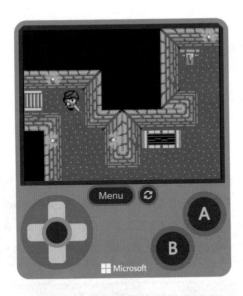

用模拟器控制小英雄向入口台阶方向移动，发现他在左图位置被"卡"住了，但可以上下移动，遇到墙的边缘也会停下。应该是 24×24 的角色尺寸，大于在编辑地图时留出的 16×16 的行走通道空间所致。

如下图所示，回到编辑器，修改左下角的尺寸为 16×16，单击"完成"按钮。

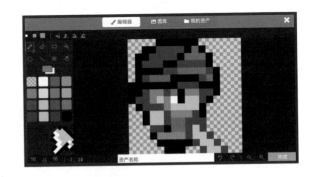

现在尝试控制小英雄来到起点楼梯处，配合完美。只是当玩家向下走到屏幕边缘时，如左图所示，镜头视角并不会跟随角色移动。

2/3　让镜头跟随精灵移动

单击"场景"标签，找到"镜头"的部分，其中"镜头跟随精灵 mySprite 移动"程序块应该就是要找的。拖曳它到编程区，如下图所示。

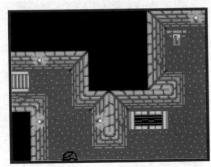

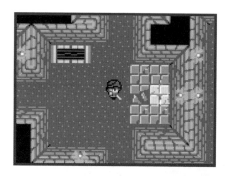

添加后，在模拟器中测试小英雄，如左图所示，现在可以看到镜头画面随着小英雄一起移动了。

3/3　把小英雄放在入口楼梯口

现在开始游戏时，小英雄默认站在屏幕的中间，这并非期望的效果，它应该站在地牢入口的台阶上。

如左图所示，单击"场景"标签，找到"放置 mySprite 到随机位置的图块 …… 上面"程序块。拖曳添加到编程区，单击程序块的灰色方框，会弹出当前地图使用到的图块列表，找到作为入口的楼梯口图块，如下图所示。

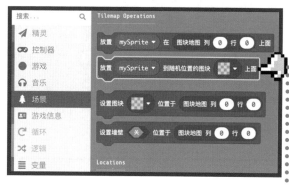

如左图所示，现在看到小英雄如期望的那样站在了地牢入口的楼梯上。

arcade-L22- 地牢迷宫 2.uf2

扫码立即体验游戏
并获取程序

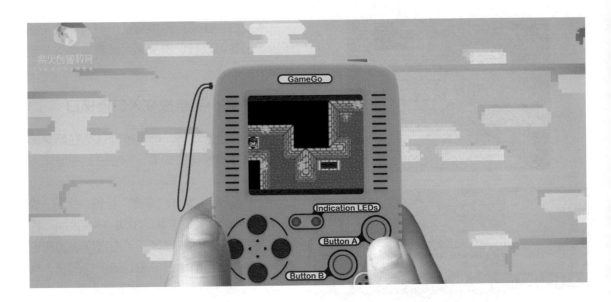

拓展玩法

　　使用网格规划一个自己喜欢题材的平面图，并使用地图素材库的素材，搭建一个自己喜欢的地图。挑选自己喜欢的角色，在地图里冒险。

白袍魔法师考题 22-1

下面关于 Arcade 图块地图的描述，正确的是？（多选）

- ☐　A. Arcade 的图块地图是游戏中常见的地图解决方案之一
- ☐　B. Arcade 的图块地图可以提高地图编辑的效率
- ☐　C. Arcade 的图块地图可以大大降低地图使用的图像存储资源
- ☐　D. Arcade 的图块地图编辑器不能设置 "墙" 区域，需要通过其他程序块指定

23 关　走四方

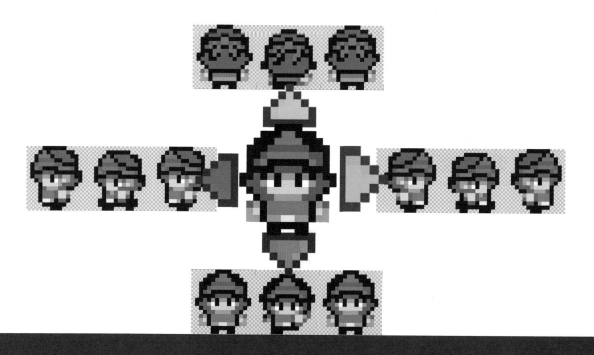

　　在 23 关"我的第一张游戏地图：地牢迷宫"中，小英雄虽然可以在游戏里探险了，但他的身体始终面朝右方，这让角色的动作显得很不真实。本关将学习如何在游戏中做出会"转向"的角色行走动画。

🌐 知识点

2D 行走动画的实现

在 19 关中介绍过，Arcade 使用帧动画技术来实现动画效果。在游戏特别是角色扮演 (RPG) 类游戏中，需要玩家角色在地图中四处行走。简单粗暴的办法，就是使用一张图片，就像 22 关中那样，如左图所示。但这种缺少方向感的角色表达，会让游戏显得很"假"。

要实现向不同方向行走的角色动画，先要看看需要如何规划图像素材。

在 Arcade 的图库中，为一个小英雄的角色提供了很多动画素材。可以看到这是两套素材：一套是手上没有道具的动作素材，一套是角色携带盾牌装备的动作素材，两套素材都提供了前后左右四个方向的动作，如左图所示。

如下图所示，使用双手没有道具的素材，实现四个方向行走的动画素材规划，总共涉及小英雄的 8 个动作状态。

 上键按下  　　 下键按下

上键松开   　　下键松开

左键按下  　　右键按下

左键松开  　　右键松开

接下来就看看，在 Arcade 里程序该如何实现这个过程。

任务1：走四方

通过这个任务，实现让玩家控制角色向四个方向行走。

动手实践

1/4　小英雄入场

在浏览器中打开 Microsoft Arcade 平台（具体操作见 00 关）。

在 Arcade 主页新建项目，项目名称为**走四方**。

编辑程序如下图所示，设置绿色的背景色，然后将精灵添加到场景，并命名为 hero。

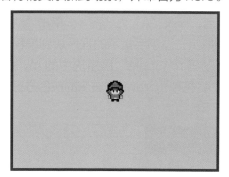

单击"变量"标签，添加新变量 speed[1]，然后设置变量值为 65(这样做的目的是方便以后调整行走速度)，如右图所示。

---

① 可参阅第 48 页"设置变量"的内容。

如下图所示单击"控制器"标签，添加"使用按键移动 hero……"程序块，单击程序块中的"+"按钮展开速度控制选项，并用 speed 变量替换 vx 和 vy 的值。

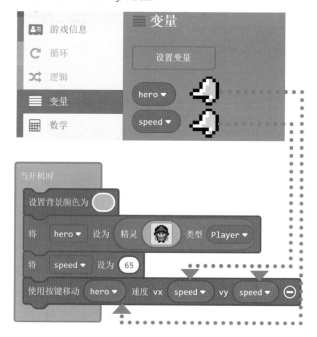

现在小英雄已经站在屏幕中间了，尝试用方向键移动，因为没有动画，他还只能"漂移"。

2/4 添加"动画"扩展

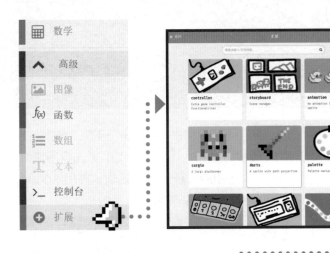

如左图所示，单击"高级"标签，单击"扩展"子标签，在弹出的"扩展"窗口的列表里，单击 animation(动画)扩展。

如左下图所示，回到编程界面后，发现标签栏新增了"动画"标签，单击可以看到有关动画的程序块，扩展添加成功。

3/4 当按键"下"按下与松开

先从实现向下按键的效果开始，单击"控制器"标签，拖曳"当按键 A 按下"程序块到编程区后，修改"A"为"下"。单击"动画"标签，拖曳左图小手指示的程序块到编程区。修改"动画 mySprite"程序块中的 mySprite 为 hero，再单击 frames 右侧的灰色方框，如下图所示。

弹出动画编辑器窗口，如右图所示。在图库里找到下键按下需要的 4 个帧，按图中的顺序设置好帧动画序列，并修改播放时间为100。

完成后，程序如下图所示。

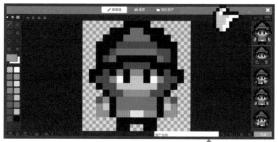

如下图所示，设置 loop 开关为 "开"状态，才能让小英雄不停地行走。

现在在模拟器里，按 "下" 键，可以看到小英雄的行走动作了。只是即便松开按键，循环依然在播放。

整个复制按键部分程序块，如下图所示，将 "按下" 修改为 "松开"。编辑松开状态的动画帧，只保留第一帧站立的图像。

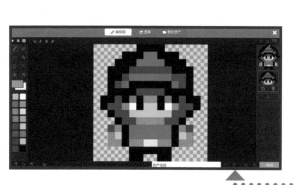

记得关闭按钮松开动画的循环开关，因为只有一帧，无须循环。

在模拟器中测试向下的按下和松开按键，按下时可以看到行走动画，松开时小英雄以站立姿势静止，表现完美。

4/4　复制并修改所有按键的程序

通过复制和重新编辑动画图像素材，可以快速建立其他 3 个方向按键的程序，最终的程序如下图所示。在模拟器中对 4 个方向的行走效果进行测试，达到预期。下载到 GameGo 上体验。

arcade-L23- 走四方 .uf2

扫码立即体验游戏
并获取程序

🚩 任务2：地牢迷宫3

有了完成上面任务的经验，可以对 22 关的游戏做一次升级：

■ 让角色具有向四个方向行走的能力（计划版本 3）。

■ 如果玩家踩中陷阱，触发镜头抖动和火焰特效（计划版本 3-1）。

把计划分成不同的版本，方便完成一个版本后，就立即进行测试。

动手实践

1/3　加载之前的游戏

进入 Arcade 编辑器，加载示例程序 **arcade-L22- 地牢迷宫 2.uf2**，模拟器效果如下图所示，程序如右图所示。

修改项目名称为**地牢迷宫 3**。

2/3　添加四方向行走动画

按照上一任务的步骤，为 4 个方向的按键分别设定动画，这里我尝试使用了小英雄带盾牌装备的那套动画素材。

添加按键动作后的"地牢迷宫 3"程序如下图所示。

将程序下载到 GameGo 上进行体验，现在小英雄可以在地牢里"走四方"了，如右图所示。

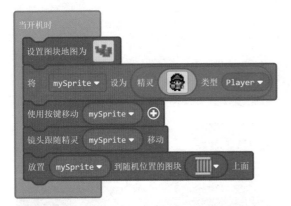

arcade-L23- 地牢迷宫 3.uf2

扫码立即体验游戏
并获取程序

3/3　实现火焰陷阱功能

继续对上一步的程序进行编辑，修改项目名称为**地牢迷宫 3-1**。

如下图所示，地牢中间有个陷阱。如果玩家踩中陷阱，期望能触发镜头抖动和火焰特效。

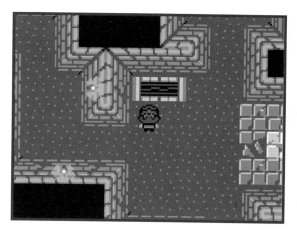
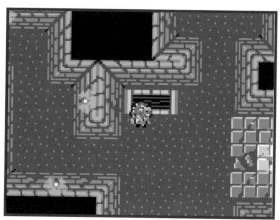

要实现这个功能，需要在"场景"标签下的"砖块"区域，找到有关"重叠"的程序块，如下图所示。

因为陷阱由 2 个图块组成，所以这里使用了 2 段程序块做重叠事件的处理（可以尝试把陷阱触发事件做成函数）。最终添加的程序块如下图所示。

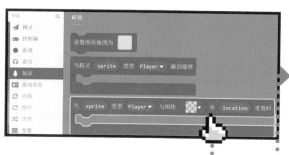

08章 从地图编辑到关卡设计

arcade-L23- 地牢迷宫 3-1. uf2

扫码立即体验游戏
并获取程序

将程序下载到 GameGo 进行体验，如下图所示。

拓展玩法

在完成上面的学习后，本关的示例程序可以用作你创作自己的地牢或角色扮演游戏的原型。你可以做一些更大胆的尝试，让地牢冒险变得更有趣，下面是一些建议：

■ 添加 "幽灵" 怪物。
■ 为开关或宝箱设计事件等。

24 关　关卡设计师启蒙

　　通过 23 关的学习掌握了基本的图块和角色行走动画技术，在这个基础上，可以开始深入游戏开发真正令人着迷的部分——关卡设计。关卡设计的优劣直接关系到游戏表现的好坏。本关将带大家一窥关卡设计的一些基础知识和概念，并学习如何实现关卡的切换。

🌀 知识点

游戏关卡设计

在开发游戏的过程中，确定了一个游戏的玩法、角色和故事后，后续的开发会遇到关卡设计的工作。当你着手设计带关卡的游戏时，这意味着你的游戏已经有一定的规模和复杂度。在这里，给有兴趣致力于做游戏关卡设计的小伙伴们一些指导和建议，期望你能"站在巨人的肩膀上"，通过学习和借鉴前辈们的成果，少走弯路，做出让自己满意的游戏作品。

向经典游戏关卡学习

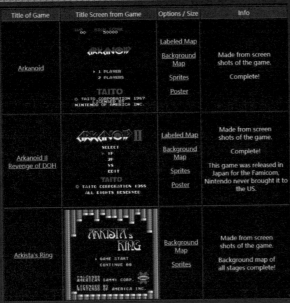

在着手进行关卡设计之前，"眼界"很重要，需要多玩多看，这样才能感受到好关卡与坏关卡的差异。

对于 Arcade 这类以像素风为主的游戏，推荐大家看看下面两个网站（网址可扫描封底的"本书资源"二维码访问），本页展示的所有关卡地图都来自于此。

·任天堂 (NES) 地图网站
·超级马里奥任天堂地图网站 (Super Nintendo Maps – SNES)

如左图所示，网站的界面朴实无华，但你可以看到游戏行业刚刚开始起步时的很多响当当的大作的关卡地图、角色的图像素材等，全都由 Rick N. Bruns 精心整理。

本书 22 关所展示的超级马里奥第 1 关的完整地图，也出自 Rick 的网站。

魂斗罗 关卡

双截龙 关卡

Map by Rick N. Bruns
Version 1.0 © 2008
Visit www.NESMaps.com to get maps and sprites for NES games.

Paypal: snesmaster@yahoo.com

Feel free to send a donation to help support the creation of more maps for classic NES games.

梦工厂 心跳恐慌 关卡

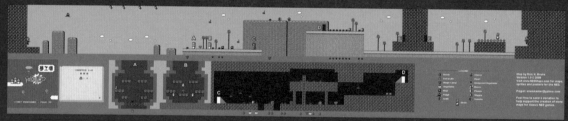

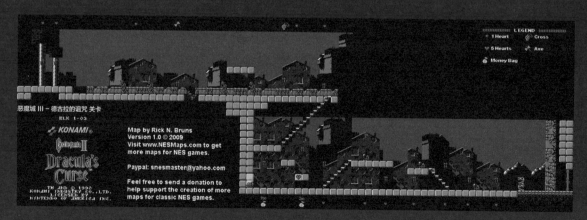

恶魔城 III－德古拉的诅咒 关卡

Map by Rick N. Bruns
Version 1.0 © 2009
Visit www.NESMaps.com to get more maps for NES games.

Paypal: snesmaster@yahoo.com

Feel free to send a donation to help support the creation of more maps for classic NES games.

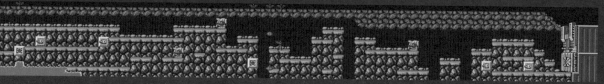

自习：使用"马里奥方法"设计游戏关卡

　　鉴于《超级马里奥》在关卡设计的游戏发展史上具有里程碑式的意义，Patrick Holleman 撰写了一篇文章《使用"马里奥方法"设计游戏关卡 》，在此向对关卡设计有兴趣的读者推荐阅读此文，你可以去知乎网阅读高鸣先生的译文，搜文章名即可找到，也可扫描封底"本书资源"二维码，找到该网址。当然讲述关卡设计的文章和书还有很多，大家可以通过搜索引擎按照自己的喜好展开研究。

⚑　从第1关到第2关

　　我设计了 2 个关卡，第 1 关如左下图所示：左上角的灰色图块将作为小英雄的出生点；右下角的褐色阶梯将作为通关出口。玩家只要控制角色，从出生点走到通关出口，就会自动进入下一个关卡。

1/7　加载之前的程序

　　进入 Arcade 编辑器，加载示例程序 **arcade-L23- 走四方 .uf2**。

　　成功加载后，修改程序名称为**关卡练习 1**。下面将在此程序的基础上添加关卡。

arcade-L23- 走四方 .uf2

扫码立即体验游戏
并获取程序

2/7　添加关卡 1

　　单击"场景"标签，添加"设置图块地图为……"程序块。程序如右图所示，单击小手指示的灰色方框，进入地图编辑器。

　　地图编辑器如右图所示。设置地图尺寸为 10×8 格。在放置好四周的灌木后，记得将灌木设置为墙。

　　如下图所示，从图库的 Dungeon(地牢) 主题区添加出生点图块和通关出口图块。

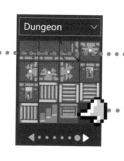

> **💀注　意**
>
> 　　鉴于篇幅限制，本任务展示程序部分，均省略了按键控制程序块。

3/7　设置出生点和通关点，完成第 1 关

　　单击"场景"标签，找到并添加"放置 mySprite 到随机位置的图块……上面"程序块，修改变量 mySprite 为 hero，然后选择地图里的灰色砖图块作为 hero 的放置位置（因为只有 1 个灰色砖块，所以无论怎么随机，都是在一个指定的位置上出现）。程序如右图所示。

　　通关点的判断也要使用"场景"标签下的重叠事件程序块，如右下图，记得指定正确的通关图块。当玩家走到通过出口时，先暂时设置游戏结束并"获胜"。

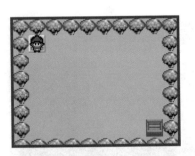

　　如左图所示，现在可以在模拟器中测试第一关，成功过关。

arcade-L24- 关卡练习 1.uf2

扫码立即体验游戏
并获取程序

4/7　建立关卡函数

考虑到后续会有多个关卡，所以计划用一个函数来实现关卡的调用。

展开"高级"标签，在"函数"子标签下创建函数。输入函数名称 setLevel。然后添加一个数字参数，命名为 num，用作关卡索引。添加一个精灵参数，以放置玩家到指定关卡。如右上图所示。

如右图所示程序，新增一个变量 Level，并设置变量值为 1(从第 1 关开始)。

添加 setLevel 函数的调用，并将变量 Level 拖入数字参数位置，在精灵参数处指定精灵为 hero。

在 setLevel 函数内，添加第一个关卡的判断，如下图所示。搬移 2 个图块到函数程序块内：将设置关卡 1 的"设置图块地图为……"程序块移动到 " 如果 num = 1 则……"的程序块内。将"放置 hero 到随机位置的图块……上面"程序块移动到"如果 num = 1 则 ……"程序块下方。目前程序的功能已经和加入函数之前一样。

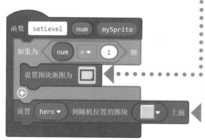

5/7 添加关卡 2

有了函数，就可以很容易地扩展关卡。

如左下图所示，在关卡 1 的判断程序块"如果为 num = 1 则……"程序块上右击，在弹出的菜单中选择"重复"。复制后函数如右下图所示，将判断条件修改为"num = 2"，单击图块地图，编辑第 2 关的地图。

如左图所示，完成地图编辑后，现在有了两个关卡，只是还无法自动进入下一个关卡。当前程序如下图所示（省略了按键控制程序块和重叠部分程序块）。

6/7　实现从第 1 关进入第 2 关

如果要实现从第 1 关自动进入第 2 关，那么在第 1 关触发通关的时候（小英雄和过关图块重叠时），需要做以下事情：

- 将关卡等级变量 Level+1。
- 调用 setLevel 函数。

为此我修改了有关通关重叠部分的程序块，如右图所示。

- 将"游戏结束"的程序块移出，暂时放在旁边不用。
- 单击"变量"标签，添加"以 1 为幅度更改 Level"程序块到重叠事件程序块内。
- 复制"当开机时"程序块里的"调用 setLevel Level hero"程序块到重叠事件程序块内。

如左图所示，在模拟器中测试，现在可以成功进入第 2 关了！但走到第 2 关过关图块时，会再回到第 2 关起点图块，无法结束游戏。

7/7　完善与优化

玩家如果走到第 2 关的通关点，应该结束游戏。所以需要增加一个判断：当 Level > 2 时，就结束游戏。

另外，游戏在每次关卡开始的时候，最好要有音效提醒以及当前是第几关的提示。

为此又添加了几个程序块，如右图所示。

■ 单击"游戏"标签，拖曳并添加"当游戏更新时"程序块。

■ 单击"逻辑"标签，拖曳并添加"如果为 …… 则……"程序块，并设置判断条件为 Level > 2。

■ 然后将刚才弃用的程序块 "游戏结束"拖曳到新增的"如果为 Level > 2则……"程序块内。

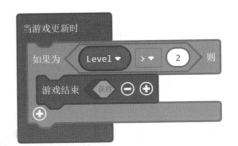

为了实现开始新关卡时增加音效和关卡提示，在 setLevel 函数内，添加"播放魔棒"的音效。这样在关卡开始的时候，会有声音提示。

单击"游戏"标签，拖曳并添加"显现……"程序块。再单击"文本"标签下的"组合字符串 您好 世界"程序块，以显示数字等级。修改参数为 Level num，程序如右图所示。

在模拟器中测试，在第 2 关通关后，先提示进入第 3 关，再按 A 键后提示通关，如下图所示。

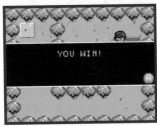

将程序下载到 GameGo 体验。

arcade-L24- 关卡练习 2.uf2

扫码立即体验游戏
并获取程序

 拓展玩法

现在已经有了一个完整的从第 1 关到第 2 关，然后结束游戏的程序框架，你可以在这个基础上，做进一步的发挥：

- 增加更多关卡。
- 为新关卡设计地图。
- 改进程序，让最终通关的时候，不出现对不存在关卡的提示，直接结束游戏。

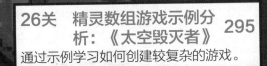

第 **09** 章　白袍魔法师必
修课：数组

25 关　记数大师和 NPC 的对话脚本

对于软件开发人员来说，经常需要一次存储多个相关的值。为了方便对这些值进行存储和调用，通常会使用数组。Arcade 提供了数值、文本和精灵 3 种类型的数组。本关将通过《记数大师》的游戏，来学习数字数组的使用。通过一个和 NPC 对话的练习，学习字符数组的使用。

知识点

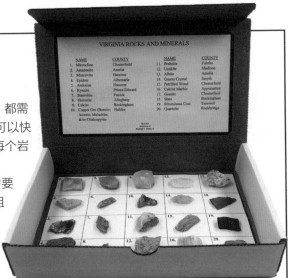

数组

对于喜欢收藏硬币、矿石、邮票等的人来说，都需要一种可以将收藏品进行有序组织的方法，以便可以快速找到需要的东西。就像右图中的岩石标本盒，每个岩石样品都进行了编号，以便日后可以找到。

随着你的 Arcade 程序变得越来越复杂，需要更多的变量来追踪数据，就需要找到一种存储和组织所有数据的方法。Arcade 为此提供了一个特殊的类别，称为**数组**。

- 数组可以存储数字、字符串（单词）或精灵。
- 数组中的每个元素都可以通过其索引来访问，索引是一个与其在数组中位置相对应的数字，就像上面的岩石收藏盒的位置编号那样。数组中的第一个插槽的索引为 0。
- 数组的长度是指数组中元素的总数，并且数组中最后一个元素的索引值始终比其长度小 1（因为数组索引编号是从 0 开始的）。在 Arcade 中，你可以创建一个数组、给数组中的元素赋值或按索引值取出指定索引位置的值。

如左图所示，在"高级"标签下找到"数组"子标签和相关的程序块。

把"将 list 设为 数组 1 2"拖入编程区，就能创建名为"list"的数组。可以直接编辑和修改数组中的数值，如果需要追加多个，则可以单击"+"按钮。下图设置了有 3 个数字的数组，注意数组的索引是从 0 开始的，意思是数组第 0 个的值是 18。

Arcade 中的数组

你可以通过指定索引来从数组中取出元素的值，如下图所示，使用"从数组 list 中取得索引 2 的值"，通过显示文本和组合字符串，在左图所示的模拟器中显示了"37"。

🚩 任务1：制作《记数大师》游戏

为了方便大家学习数组，我设计了一个训练数字记忆能力的记数游戏，玩法如下。

- 游戏开始后，系统会生成 5 个两位数的随机数并展示给玩家。
- 玩家按 A 键继续后，可以通过按键选择的方式，根据记忆逐个输入记住的数字。
- 全部输入后，会显示玩家答对的数字个数及得分。

如果没有数组，就需要为这 5 个数字分别建立 5 个变量，用来在整个游戏过程中进行存储、展示和比较。如果要提高难度，把 5 个数字变成 10 个、20 个或更多，就需要建立更多的变量。随着变量数量的增加，编程也会变得很烦琐。但有了数组，可以让这个过程变得很简洁。

动手实践

1/3　创建数组并生成 5 个随机数

在浏览器中打开 Microsoft Arcade 平台（具体操作见 00 关）。

在 Arcade 主页新建项目，项目名称为**记数大师 -5**。

使用"显现……"程序块显示游戏标题"记数大师"，并设置得分。因为要让玩家记忆 5 个数字，所以首先创建变量 num，并将其设为 5。

创建一个 0~(num-1) 的循环，index 就是循环的索引值。通过程序块"将数组 aNumList 中索引 index 的值设置为 ……"为数组 aNumList 赋值。数组 aNumList 通过循环获得了 5 个两位的随机数。现在程序如左图所示。

2/3 向玩家展示数组里的 5 个数字

为了将 5 个数字放在一起显示，创建一个变量 sNumList，用来存储 5 个数字的文本。

和上一步给数组赋值一样，这次使用了同样的循环，依次取出数组中的 5 个数字，并将这些数字逐个合并到文本变量 sNumList 中。现在程序如左图所示。

最后显示文本 sNumList，如左图所示，在模拟器里可以看到随机生成的 5 个两位数字。

3/3 输入数字并显示得分

左下图给出了最终的程序。

第三次使用了同样的循环，这次是用来依次提示玩家输入数字。在询问数字的时候，记得将最大位数设置为 2。

arcade-L25- 记数大师 -5.
uf2

扫码立即体验游戏
并获取程序

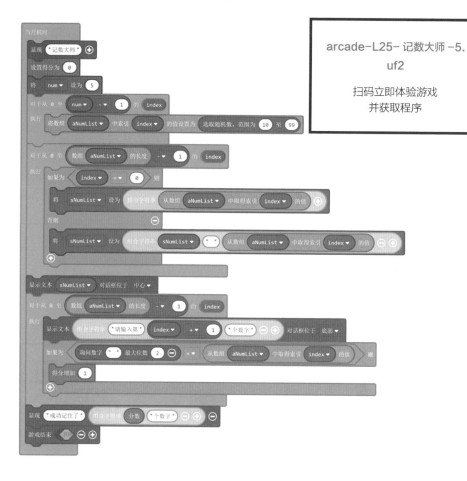

将游戏下载到 GameGo 上进行体验。

 拓展玩法

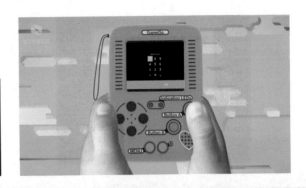

> 如果提高难度，将一次记忆数字的个数变为 10 个，要如何修改程序呢？

🏳 任务2：用数组实现NPC对话

在很多角色扮演游戏中，玩家在地图探索中会遇到各种 NPC。需要通过和 NPC 对话，获取有关游戏背景故事、任务、剧情等信息。有些游戏设计者为了让 NPC 显得更自然，会为每个 NPC 设计一个对话库，玩家每次靠近 NPC 时，NPC 便会随机从对话库中选择一个句子说出来。这样让 NPC 显得不那么机械。

下面将利用字符数组为 NPC——公主，创建一个公主的对话库，当小英雄走到公主的面前时，公主会从对话库随机选一句话说出来。

🎮 知识点

> **NPC** 是 Non-Player Character 的缩写，是游戏中一种角色类型，意思是非玩家角色，指的是游戏中不受玩家操纵的游戏角色。这个概念最早源于单机游戏，后来逐渐被应用到其他游戏领域中。

动手实践

1/4 创建数组并生成 5 个随机数

这个练习将在 **arcade-L23- 走四方 .uf2** 的程序基础上进行改进。成功加载程序后，修改项目名为 **NPC 对话**。

arcade-L23- 走四方 .uf2

扫码立即体验游戏
并获取程序

2/4 添加地图和公主

程序如左图所示（省略了按键控制程序部分），为了营造对话气氛，这里添加并编辑图块地图。

增加 princess 精灵，并选择一个公主形象，新建精灵类型为 NPC。

将公主放置在一个小花丛的图块上面。地图编辑如右下图所示，地图上放置了一个小花丛，作为公主站立的位置，并设置为墙，这样可以避免小英雄从公主身上穿过。如下图模拟器所示，现在小英雄走到公主面前会停住。

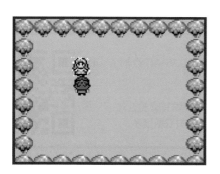

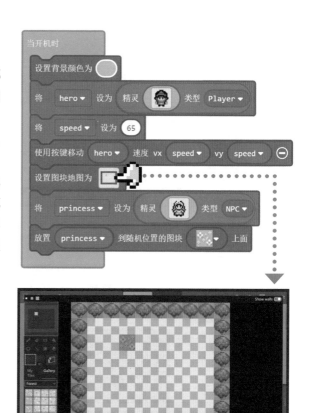

3/4 添加公主的语句库

如右图所示，单击"数组"标签下的"将 text list 设为数组 一个 b c"程序块，并为公主设置 3 句话：

■ 今天天气真好。

■ 时间宝贵。

■ 我喜欢蝴蝶。

将公主的话语数组命名为 sPrincess。

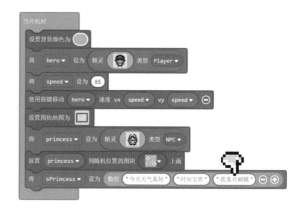

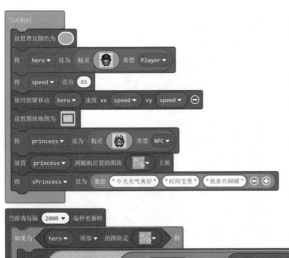

4/4 让公主"随机说话"

　　使用"当游戏每隔 2000 毫秒更新时"程序块，目的是让小英雄在公主面前时，有一个状态检测的间隔时间。

　　通过"hero 顶部的图块是……"程序块来判断小英雄是否站在了公主面前。

　　通过随机提取 0 ~(sPrincess 数组的长度 -1) 索引的文本，获得公主当前要说的话。

　　最终程序如左图所示（省略了按键控制程序部分），将程序下载到 GameGo 体验。

公主：我喜欢蝴蝶

arcade-L25-NPC 对话 .uf2

扫码立即体验游戏
并获取程序

白袍魔法师考题 25-1

下面关于 Arcade 数组描述正确的是？（多选）

- ☐ A. Arcade 的数组的元素可以是文本、数字或精灵
- ☐ B. Arcade 的数组索引是从 1 开始的
- ☐ C. Arcade 的数组索引是从 0 开始的
- ☐ D. 数组内只能放入数字，无法放入文本

26 关　精灵数组游戏示例分析：《太空毁灭者》

这一关将通过分析 Arcade 官方提供的示例游戏——《太空毁灭者》(Space Destroyer)，学习精灵数组是如何在游戏中发挥作用的。

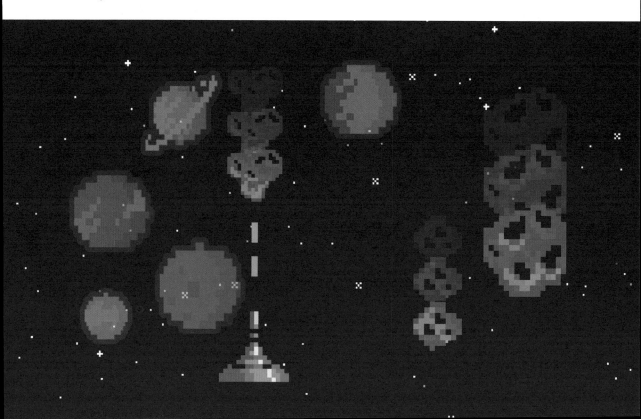

● 知识点

创建精灵数组

　　创建精灵数组的过程与创建数字或字符串数组的过程类似。从一个新的数组（例如数字）开始，然后用精灵将数组中的所有数字替换掉。下面看看如何创建一个由精灵或图像组成的数组。

　　单击"数组"标签，拖曳"将 list 设为 数组 1 2"程序块到编程区。单击"精灵"标签，拖曳"将 mySprite 设为 精灵 ……类型 Player"程序块到编程区，但不放入"当开机时"的程序块中，如左下图所示。

　　将鼠标放置在图示代表精灵图像和类型的椭圆程序块的上方，看到椭圆程序块边缘出现高亮。将椭圆程序块从原来的设置精灵程序块中拖出。拖曳椭圆程序块到数组程序块的"1"椭圆区域内，这样就为数组放入了一个精灵元素，结果如右下图所示。最后"将 mySprite 设为 0"程序块删除。

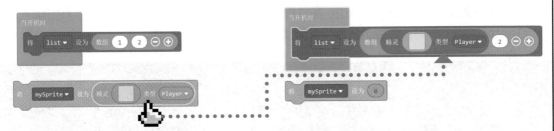

　　甚至可以将"图像"标签栏的"创建"分类下的图像椭圆形程序块也放入数组中，如左下图所示。如果在数组中放置了"汉堡"图像，单击汉堡右边的下三角按钮，如右下图所示，可以直接选择图库的图像内容。

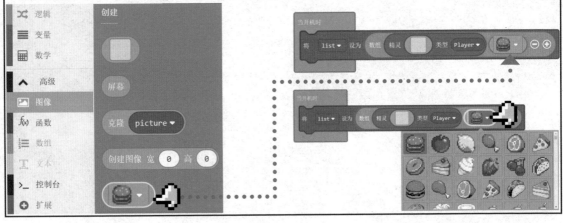

任务：学习《太空毁灭者》

Arcade 在官方网站提供了很多示例游戏，研究这些游戏，将有助于读者了解各种游戏功能实现的方法。而且这些示例都可以直接进行编辑，如果你希望制作类似的游戏，大可不必从头开始，只需在已有的示例基础上进行改进，加入自己的想法和创意即可。

这个任务将通过程序分析的方式，带读者了解《太空毁灭者》(Space Destroyer) 程序各个部分的功能。

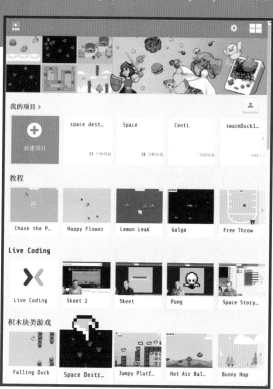

动手实践

1/6　加载示例游戏《太空毁灭者》

如右图所示，进入 Arcade 首页，向下滚动屏幕，在 "积木块类游戏" 中可以找到 "Space Destroyer"，单击 "打开示例" 按钮。也可以单击从 "我的项目" 最右侧的 "导入项目" 按钮，加载课程提供的示例程序 **arcade-L26-space-destroyer.uf2**。

加载后在模拟器内试运行，效果如下图所示。

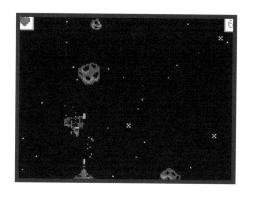

arcade-L26-space-destroyer.uf2

扫码立即体验游戏
并获取程序

完整程序如下图所示，下面分块看看这些程序块在游戏中的作用。

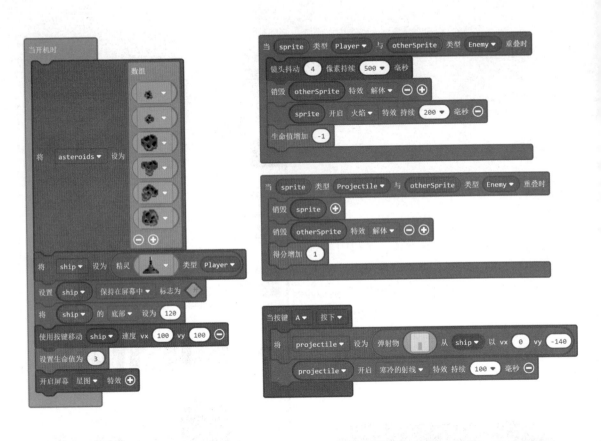

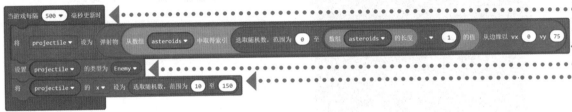

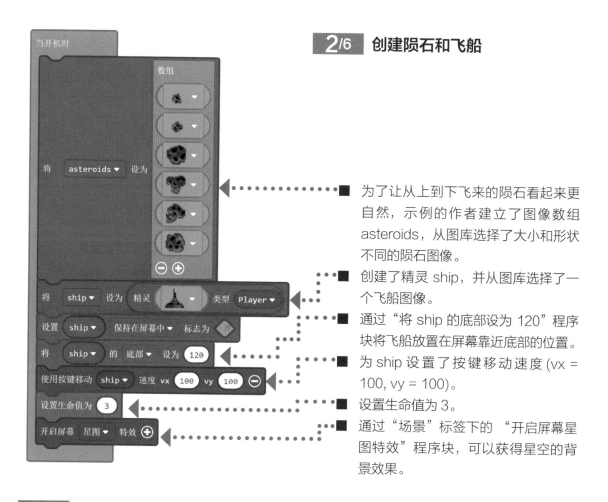

2/6　创建陨石和飞船

■　为了让从上到下飞来的陨石看起来更自然，示例的作者建立了图像数组 asteroids，从图库选择了大小和形状不同的陨石图像。

■　创建了精灵 ship，并从图库选择了一个飞船图像。

■　通过"将 ship 的底部设为 120"程序块将飞船放置在屏幕靠近底部的位置。

■　为 ship 设置了按键移动速度 (vx = 100, vy = 100)。

■　设置生命值为 3。

■　通过"场景"标签下的"开启屏幕星图特效"程序块，可以获得星空的背景效果。

3/6　发射随机大小和位置的陨石雨

■　通过此程序块设置陨石发射间隔为 500 毫秒。

■　此程序块根据随机索引，从数组 asteroids 中提取对应的陨石图像，作为弹射物。并设置速度为 (vx = 0, vy = 75)，这让陨石得以从屏幕上方垂直向屏幕下方运动。

■　设置弹射物 projectile 的类型为 Enemy。

■　通过将 projectile 的 x 设为"选取随机数，范围为 10 至 150"，让陨石随机出现在屏幕上方的位置。

设置按键 A 发射子弹

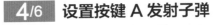

■ 在"控制器"标签下，添加"当按键 A 按下"程序块。

■ 将 projectile 设为弹射物，让子弹从 ship 发射出，速度为 (vx = 0，vy = −140)，这样发射方向为自下垂直向上。

■ 为子弹开启"寒冷的射线"特效，会产生发射喷焰的效果。

■ 将子弹设置为 8×8 像素，绘制成图示的样子。

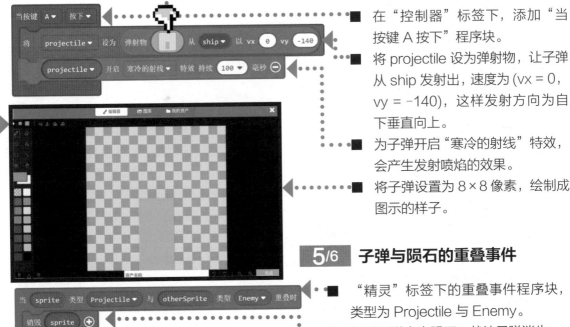

子弹与陨石的重叠事件

■ "精灵"标签下的重叠事件程序块，类型为 Projectile 与 Enemy。

■ 如果子弹击中陨石，就让子弹消失。

■ 同时也让类型为 Enemy 的 otherSprite 销毁，并播放解体特效。

■ 让得分 +1。

飞船与陨石的重叠事件

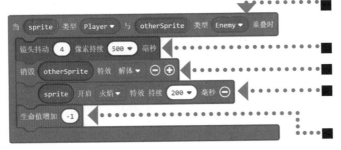

■ "精灵"标签下的重叠事件程序块，类型为 Player 与 Enemy。

■ 为碰撞添加镜头抖动效果。

■ 销毁陨石并播放解体特效。

■ 为飞船设置火焰特效，模拟被碰撞的效果。

■ 让生命值 −1。

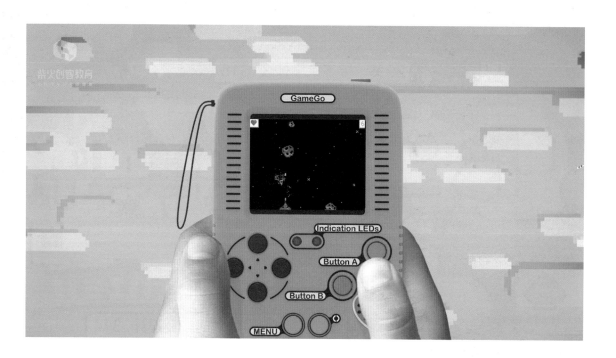

 拓展玩法

在上面游戏的基础上，增加一些拓展玩法的建议，有兴趣的读者可以自己尝试。

- 让陨石的速度也有一些随机的快慢变化。
- 添加一种无法被击毁的敌方弹射物。
- 添加一种可以增加生命值的弹射物。
- 如果要为这类游戏设计关卡，该怎么做呢？

FINISH

第10章　白袍魔法师游戏试练

27 关　优秀 Arcade 游戏作品介绍

　　在你开始着手自己的大作之前，建议多花点时间，了解一下别人的游戏作品，这有助于你开阔眼界。当你尝试自己做游戏的时候会想到：嗯，这个功能在某某游戏里见过。这样会节省许多去尝试技术解决方案的时间，把更多的时间和注意力放在如何让游戏变得更好玩和有趣上。

Arcade 官方网站

在 Arcade 的官网上查找适合图形化编程的游戏示例,可以从"积木块类游戏"和"社区游戏"栏目中获得(下图所示),下面先介绍有关"积木块类游戏"的示例。

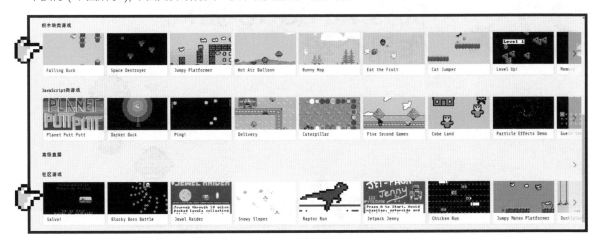

Falling Duck《落鸭》

借鉴了 Flappy Bird(下图所示)。玩法非常简单,只要一个按键就可以玩,《落鸭》的游戏画面如右下图所示。

arcade-falling-duck.uf2

扫码立即体验游戏
并获取程序

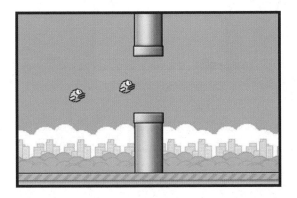

Hot Air Balloon《热气球》

就玩法而言，该游戏（如下图所示）本质上和 Falling Duck 类似，可以看到同样的玩法通过不同的题材会有截然不同的表现。

arcade-hot-air-balloon.
uf2

扫码立即体验游戏
并获取程序

> **💀 注　意**
>
> 在观看示例的时候，会发现一些没见过或在标签栏找不到的程序块。例如：
>
>
>
> 这些都是早期 Arcade 版本使用的程序块，在新版本的 Arcade 下已经不再使用，或使用了更便捷的程序块替代。

Cat Jumper《跳跳猫》

该游戏（如下图所示）准备了 5 个可供跳跳猫跳跃的关卡，玩家控制猫一路收集硬币。游戏的关卡设计有可借鉴的地方。

Reach the portal

arcade-cat-jumper.uf2

扫码立即体验游戏
并获取程序

Jumpy Platformer《平台跳跃》

用 Arcade 做出了《超级马里奥》的玩法，示例（如下图所示）提供了 6 个关卡。游戏的关卡设计有可借鉴的地方。

Level Up《升级！》

玩家可以控制公主，在倒计时结束前，吃完所有樱桃，就可以升级。如果你在考虑如何实现游戏等级，可以看看这个示例，如下图所示。

arcade-jumpy-platformer.
uf2

扫码立即体验游戏
并获取程序

arcade-level-up.uf2

扫码立即体验游戏
并获取程序

Memory《记忆大挑战》

这是个挑战记忆力的游戏，从简单到复杂（如下图所示）。游戏会先向玩家展示由几个图像组成的序列，然后让玩家通过选择重现刚才展示的序列。这里大量使用了精灵数组和函数，如果你在考虑做类似的功能，可以从中受到很多启发。

arcade-memory.uf2

扫码立即体验游戏
并获取程序

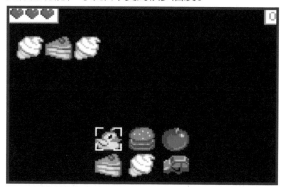

官方论坛（英文）

你还可以在 Arcade 的官方论坛（ https://forum.makecode.com ）找到一些爱好者提交的高质量游戏，下页推荐了论坛的一些优秀作品。

你可以提交自己做的游戏到论坛，有可能被推荐到 Arcade 的官方主页。

通过下图的分享按钮，你可以在论坛发一篇帖子（如右图所示，需注册），并链接到你的游戏。记得附上简短的游戏描述和游戏截图，好让玩家快速知道这是个什么样的游戏。希望早日在论坛看到你的大作。

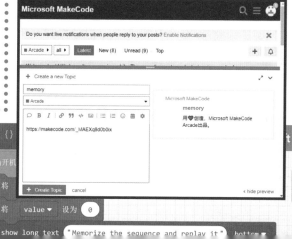

Adri314

📍 美国 缅因州 维亚斯

Raptor Run《暴走龙》

横版跳跃闯关游戏（如下图所示），恐龙呆萌，游戏质量很高，美术也很棒。

Jumping Mateo《超级马特奥》

作者 Adri314 为 5 岁的儿子 Mateo 编写了这款游戏（如下图所示），以帮助他进行手眼协调。游戏的目标是在每个关卡到达代表结束的旗帜处。

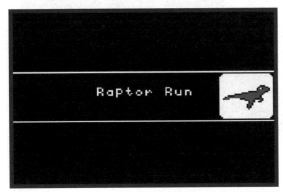

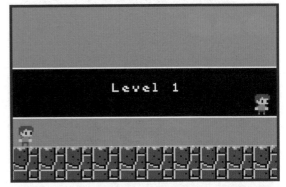

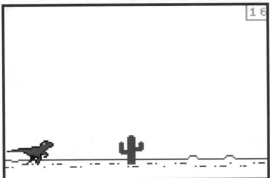

arcade-Raptor-Run.uf2

扫码立即体验游戏
并获取程序

arcade-Jumping-Mateo.uf2

扫码立即体验游戏
并获取程序

Warehouse《推箱子》

经典的推箱子游戏，可玩性很高（如下图所示），提供了 15 个关卡。

mileswatson

📍 英国

Chomper《大嘴怪》

使用 Arcade 实现了经典游戏吃豆人的玩法（如下图所示）。

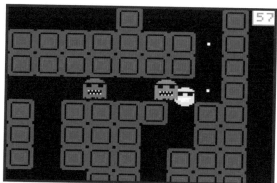

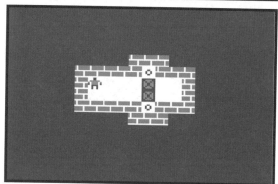

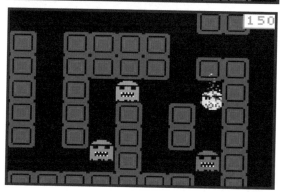

arcade-Warehouse.uf2

扫码立即体验游戏
并获取程序

arcade-Chomper.uf2

扫码立即体验游戏
并获取程序

LJJames

📍 英国 克劳利

Alfie's Adventure v5《阿尔菲的冒险》

　　游戏提供了 4 个关卡，新手可以通过这个游戏（如下图所示），学习如何在关卡里通过色块放置带动画效果的金币。

arcade-Alfies-
Adventure-v5.uf2

扫码立即体验游戏
并获取程序

Space Guardians《太空守护者》

　　你可以在这个游戏（如下图所示）里看到打飞机游戏常见的各种类型敌人的设定：

- 子弹可以消灭的敌人。
- 带保护罩的、子弹无法消灭的敌人，只能躲避。
- 需要射击多次才能消灭的敌人。

arcade-Space-
Guardian-v4.uf2

扫码立即体验游戏
并获取程序

reyhanPanci256

📍 未知

Mini Wars《迷你战争》

　　属于简单好玩的双人对战游戏的经典案例，可以 2 个玩家互相发射子弹攻击对方（如下图所示）。

Castle Crawler《毒蛇城堡》

　　非常棒的 RPG 地下城冒险游戏，玩家需要触发开关，打开通往宝藏的门（如下图所示）。怪物（毒蛇）被杀死后，会变成金币，捡拾金币可以获得得分奖励。生命橱柜可以补充生命值。

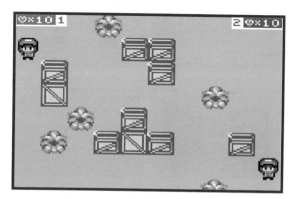

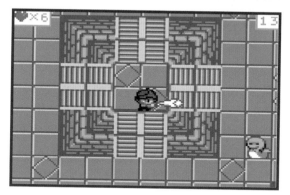

arcade-mini-wars.uf2

扫码立即体验游戏
并获取程序

arcade-castle-crawler.uf2

扫码立即体验游戏
并获取程序

richard
📍 美国 西雅图

Dungeon《地牢围攻》

这绝对是我目前见过的最大规模的 Arcade 游戏（如右图所示），以至于无法下载这个程序的源程序，你可以通过右下方二维码的链接在浏览器的模拟器里体验，或通过"Edit Code"查看源程序，但在编辑程序的模拟器中会无法用模拟器体验游戏。下面是作者发布游戏时的留言。

 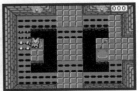

这是我很久以前开始制作的游戏，但直到现在才发布。最终它变得太大了，无法进行工作，因此将按原样发布它。

部分功能：

1. 100%用程序块完成。

2. 每关地牢由程序生成（每次都不同）。

3. 超过 90 张地图！

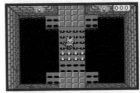 

希望你喜欢它！并没有真正的"Game Over"画面，但是有一个终点——如果你进入了一个非常大的房间，就意味着结束游戏了。

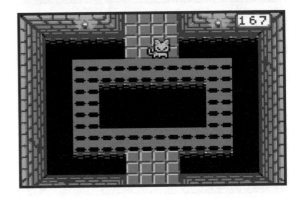

由于这个项目太大，以至于大多数计算机都很难打开它。请注意，如果尝试从浏览器导入，则可能会让浏览器卡住。另外，我对代码的规模表示歉意，编辑到游戏结尾的时候我已经快疯了……

扫码立即体验游戏
并获取程序

jacob_c

📍 美国 密歇根

Adventures of Sam and Nate
《萨姆和奈特的冒险》

　　极其少见的双人协作闯关游戏，按 B 键可以在 2 个角色之间切换操控，必须 2 个角色协作，才能通过关卡（如下图所示）。

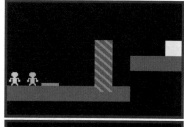

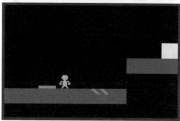

arcade-adventures-of-
sam-and-nate.uf2

扫码立即体验游戏
并获取程序

Dmitry Maslov

📍 俄罗斯 托木斯克

Platformer With Infinite Levels
《无尽的关卡》

　　作者通过一个教程向读者们展示了使用 Arcade 制作无限随机关卡游戏的方法，游戏如下图所示。

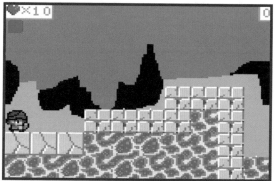

arcade-Platformer-With-
Infinite-Levels.uf2

扫码立即体验游戏
并获取程序

白袍魔法师的
毕业设计

通关时刻！有了前面的知识积累，现在是自己创作的时间了。如果你想重新回顾一下独立游戏的开发过程，可以再看看 15 关。发挥创意，快速做出原型，尽快测试和打磨，循环迭代优化……行动起来吧！

29关 接下来学什么

　　对于完成白袍级别所有关卡的游戏魔法师来说，多加练习，借助 Arcade 和 GameGo 已经可以做出相对复杂的游戏了。也许有的读者不止于此，希望能更进一步，向专业的游戏制作领域进发。为此，我们向一些专业的游戏行业从业者、独立游戏制作人发出了邀请，期望他们能给想入游戏制作行业的新人一些指导和建议。读者将在本关看到来自前辈们的提醒或忠告，在此也感谢前辈们的积极回应。

小棉花

游戏制作人，代表作《南瓜先生大冒险》《迷失岛》《小三角大英雄》系列。

　　当一个游戏开发者意味着什么？意味着这个行业最挣钱？最体面？最高科技？最 COOL？最能把娱乐当成生活？

　　我觉得仅仅意味着，你是一个创作者。

　　什么叫创作者，一些对世界充满了好奇心和爱的人。

　　作为一个创作者，我们都应该是一些即使没有铁轨也不曾迷失的永远的少年。

　　一些注定不平凡的人。

法师猫不凡

菜鸟游戏策划，未来目标独立游戏制作人。

2014 年，我曾写过《适用于游戏的心理学效应理论》一文，总结了一些适用于游戏设计和制作中的心理学理论。在 GAMERES 游资网发表之后，感觉还是很不完善，整体属于泛泛而谈。

在阅读了大量的心理学书籍和资料后，我决定在原有的文章基础上再写一篇"威力加强版"。我将阅读所学结合自身多年的游戏经历、多年参与游戏设计和制作的经验，以及心理学的理论知识，终于在花费了至少 2 个月的空闲时间后，才于 2018 年 1 月完成了 5 万字的长文《游戏心理学研究汇总：适用于游戏设计中的 72 个心理学效应理论》。

在这篇长文写完后，我更深入地研究、阅读，以及学习心理学相关的知识，我感觉这篇 5 万字的长文并不足以概括出所有游戏心理学相关的内容。我自己也重新检视了这篇文章，发现很多地方还是太简陋了。于是，我渐渐萌生了写一本专门的游戏心理学相关专业图书的念头。

最近三四个月，我基本没怎么玩游戏，大部分空闲时间都是在做这件事。我已经在《适用于游戏设计中的 72 个心理学效应理论》一文的基础上，大幅补充了 72 个效应中的绝大多数心理学效应的内容。字数也由当初的 5 万字，直接增加到 20 万字以上。

我在知乎专栏《蓝色疯狂岛》中发表的一些文章，其实都是这扩充的 15 万字里面的内容。这些文章更深入地解读了诸如恐惧心理、同体效应、心理摆效应、暗示效应、霍布森选择效应、禁果效应等心理学效应的理论。

对于那些想利用心理学对自己创作游戏有所帮助的读者朋友们，可以去"知乎"搜索专栏《蓝色疯狂岛》阅读这些文章，希望对你们有所帮助。

另外，我还在持续地完善和创作，为未来的出书计划《游戏心理学概论》做准备，希望能帮到更多的游戏人。

董晶晖
游戏 UI 程序员，参与制作 Infinity Ward(《使命召唤：现代战争》)、Sledgehammer Games(《使命召唤：二战》)、Skylanders Battlecast(Beachhead Studio 工作室)

接下来，游戏开发者需要学习什么？这是一个很大的问题，因为游戏创作真的是学无止境。它的知识范围会从深度和广度两个方面，不断更新你的认知。不管你以后是想走技术路线，还是想美术创作，又或者想负责设计，首先你要记住，你是一个创造者。

"术"是技能，决定下限；"艺"是核心创造力，决定上限。两者融合，技术服务于创意，才会促成好作品的诞生。要多积累，多联想，多思考。

开发游戏的首要前提是热爱，只要热爱，一切都值得。

夜神不说话

游戏制作人，代表作《女巫与六便士》《拯救大魔王》系列。

在未来，你一定会遇到让你放弃的人，因为没有人从一开始就是高手。

会有人告诉你，你这里不好，那里不行，又或者说，你不适合这个行业，换一行吧。

但，所有人都可以觉得你一文不值，唯独你一定要相信自己的价值。

因为只有相信，才能热爱；只有热爱，才能坚持。

坚持自信，坚持热爱，坚持奋斗，剩下的一切交给时间。

有三分钟热度，就有三分钟收获。

有一万个小时的努力，就有一万个小时的成就。

王楠

游戏开发工具和工作流设计，独立游戏全能打杂，电子竞技爱好者。现就职于厦门真有趣信息科技有限公司，曾在触控科技、梦加网络、Yager Development GmbH、Ubisoft 上海担任过游戏制作人和关卡设计师等。

看到 MakeCode Arcade 平台，让我想到了自己初学游戏编程的时光。那时候虽然已经有了 5 年的游戏行业经验，但一直作为一名游戏设计师或关卡设计师，依赖于完整的程序、美术团队来实现自己的构想。Unreal 和 Unity 等商业引擎虽然有成熟的可视化场景制作编辑器，但要随心所欲地创造玩法，还必须熟悉 C++/C# 等编程语言。

作为初学者怎样才能迈出第一步呢？幸好当时遇到了一个叫 Construct 2 的网页游戏开发工具，和 MakeCode Arcade 一样用的是积木式拼接逻辑和数据模块，让我很快了解了游戏开发的基础框架，用几个小时的时间做出了下图中的游戏原型，我管它叫"射手大战外星人"。灵感来自经典电子游戏《太空侵略者》，然后结合了弓箭蓄力发射的抛物线玩法和"斑鸠"式的同色连击加成系统。虽然这个原型很简陋，但我也玩得乐此不疲，更重要的是快速迈出了这第一步，让我相信通过不断地学习，一定能够掌握游戏开发的所有奥秘！

希望本书和 Make Code Arcade 平台也能帮你打开这样一扇大门。

我花了几年时间陆续自学了 Unity 环境下的 C# 编程开发、Cocos Creator 环境下的 JavaScript

马甲

腾讯游戏（北京）Next Studios 技术美术

编程开发，自己能够独立完成的游戏类型也从简单的平台、射击游戏，扩展到了消除、卡牌、RPG。虽然后面接触到的工具和需要的开发知识越来越难，但因为第一次学习就通过可视化编程的工具环境，完整地掌握了游戏基础循环、对象、资源、数据各方的关系和作用，而且最重要的是建立了自己做游戏的信心，让后续的提升非常顺畅。

创作的欲望总是不断增长的，当你不满足于向身边的朋友和网上的小圈子分享像素画面、内容短小的游戏时，就是时候向游戏工业标准的商业引擎(Unreal、Unity、Cocos Creator)进发了。你会逐步了解更多的游戏资源类型、会从 2D 开发转向复杂数倍的 3D 世界、会学着在一支完整的团队中配合协作、会开始纠结程序架构、设计模式等，最后你可能会成为制作人，带领一支团队完成你心中"梦想的游戏"。

回顾自己学习的历程，快速迈出第一步并能获得乐趣是最重要的。在漫长的游戏开发者征程中，我们需要一个又一个的成果交付，来满足自己的创作欲望，和你身边的朋友甚至是目标用户建立沟通反馈渠道。MakeCode Arcade 这样的可视化开发工具平台是一个非常好的开始，支持的各个掌机平台让我们能够更方便地分享自己的创作，持续收获乐趣和认可，为我们的旅途添加燃料！

真正进入专业游戏制作行业，如果你选择加入大的游戏团队，就会面临很多专业细分领域。我所从事的就是这些细分领域中的一个——技术美术，英文名是 Technical Art，简称 TA，说白了就是既懂程序又懂美术的人。

我的主要工作就是解决美术和程序中的交叉问题，并担任美术与程序之间沟通的桥梁。

如果你很好奇，想深入学习和了解，可以在知乎网搜索"**总结一些 TA（技术美术）学习的网站**"一文。我整理了文中的一些关键词，可以帮助你管窥这个领域。

■ T 部分（技术相关）：Shader 着色器、Unity（游戏引擎的一种）、raymarching（光线步进，光线追踪技术的一种实现）、ShaderMap（一款专业的三维法线贴图纹理烘焙软件）、PBR（基于物理的光照技术）、二维纹理映射、丝绸效果、毛绒效果、CubeMap（立方体贴图）、UE(Unreal 游戏引擎的一种）、HLSL（高阶着色器语言）、MAXScript(3ds Max 内置脚本语言)……

■ A 部分（美术相关）：SD(Substance Designer，一款 3D 贴图制作软件)、模型、贴图、特效、Blender（一款开源的跨平台全能三维动画制作软件）、海洋水体效果、头发贴图……

窦月汐
独立游戏设计师

朋友，剑和盾现在都已经交到你的手上了，并且你也掌握了基本的使用技巧。那么接下来，是时候带着它们走出新手村，踏上游戏世界的冒险之旅了。

在你前方的路上，等待你的第一位 BOSS，将是"武器大师"。他会非常严苛地考验你对于武器的掌握程度。如果你之前只是观摩了训练师的技巧教学，而没有自己亲自上手练习，那么武器大师会发现你在实战时笨拙得像个"鸭子"，或许你自己也能感受到。想要过关，把剑和盾从旅行箱里拿出来，现在开始练习。

村子外五公里处有一个路口，在那里没有凶恶的 BOSS 驻守，但是你将面对四五条延伸向远方的道路。那将会是你第一次对未来做出选择。当然，选择可不是拨动转盘那么简单。它意味着你应该进入路口的驻马旅馆，和来自各处的冒险家聊一聊，打听一下各个道路上的情况。如果你这么做的话，你还能看到他们操使的各式各样的武器，以及使用武器的独特技巧。这都是你学习的机会。

走出旅馆后，不管你选择哪条道路，你都是一位可敬的勇士。因为真正的冒险从那时就开始了，前方，你会遇到林间蹦出的鹿，还是劫匪，谁都说不清楚。但有件事情是确定的——你会干掉它。那时候或许你能够更理解为何武器大师的眼神总是那么严厉，还总把村子里的小孩打得哇哇叫。

如果你顺利地（不可能的）沿着某条路前行了 500 公里，那可能是很多个狂风暴雨的夏天之后，最终你会发现当初分叉的道路又汇集到了一起。在交汇点还有更多的道路，你可能会想起"条条大路通罗马"的景象。但那里没有罗马，在路口你只能看到一个人影静静地伫立着，等待着你，你走进看，会发现那是你自己，就像看镜子一样。"你自己"会问你一个问题：为何走上这趟旅行？

看样子，他在前面一定挨了不少苦头，以至于开始对自己最初的决定和人生的意义产生了深刻的思考。也或许他只是把路费花光了，在这儿等你给个馍。但不管怎样，你最好还是尽早就想好怎么回答"你自己"的问题，早在驻马旅馆的时候就该想好。

致敬每一位，愿意把人生献给游戏事业的人。

蓝莲安

游戏制作人，代表作《他人世界末》。

开发一部游戏，等待你的是各种意想不到的麻烦，以及比想象中更多更复杂的困难。

不是每款游戏都能成功，不是每款游戏都能大卖，甚至你还要做好辛苦多年的劳动成果回不了本的困局。

世界上有机会体验到赚钱之乐的人有很多，可是创作的乐趣和成就感，只有小部分人有机会获得。

开发游戏的首要前提是热爱，只要热爱，一切都值得。

BaihowFF（彭文奇）

游戏开发者，代表作《武娘联萌》、《大军师三国挂机》、LinkDots、《无尽扫雷》等。

参与开发《开心 Online》《梦幻迪士尼》《长江七号》《梦西游》《刀塔 X 联盟》《修真情缘》等。

游戏的本质是什么？

建造一个世界，创造一条规则，放置一只恶龙，等待一名勇者……

但作为入门的开发者，在创造世界前，需要了解并熟悉精灵、动画、关卡等众多陌生内容。

若第一次尝试进行游戏开发，能够生动简单地尝试这些内容，无疑是非常 cool 的，这样才能将更多的精力放在游戏本身的创作上。

而 Arcade 正要将你带入一个极简的、生动的游戏开发之旅。

来吧，放置你的恶龙……

小仆

游戏制作人，代表作《真恋～寄语枫秋～》《雪之本境》《雾之本境》。

灵感和想象是一对美丽的翅膀，但同样是脆弱的。

所以我们要锻炼技术，去驾驭、感受这份创意。

新事物与大家一定有距离，请做好合身的楼梯。

仅凭创意和外在是无法维持久远的。

当门敲开之后，我们更需要孜孜不倦地学习探索，才能巩固这份成果。

David Dong
BabeltimeUS 技术美术总监，曾就职于艺电 (EA)、IGG 加拿大等担任技术美术相关职务。

现在你应该已经掌握了做一款游戏的基本技能，下面应该做什么呢？

我想展现给各位读者的是一个遥远的目标：把游戏向着艺术的方向推进。

在我们刚开始做一些小游戏的时候，大多喜欢挑选一些动作类的、不太需要思考的游戏类型，考验的大多是手眼配合、反应的能力。而高级一些的游戏，则开始加入一些故事，让玩家对游戏有更深的一些思考。最棒的一些游戏，则拓宽了我们的视野，让我们能以全新的视角观察这个世界，比如 Jonathan Blow 开发的《时空幻境》，就让我们重新审视了人和时间的关系，而 Valve 的大作《传送门》则探索了人和空间的关系。

这些游戏历史上最棒的游戏，无一例外地都拓宽了人们对待世界的认识。这一点和艺术的功能不谋而合。比如苏东坡用朱砂画了红色的竹子，大家才恍然大悟，原来画是用来表现竹子的寓意的，什么颜色其实不重要。又好像莫奈的印象派油画，让大家了解，绘画除了描绘具体的物体形态，还可以用来展现人在看到景物时的感受。

游戏已经逐渐成熟，做游戏也越来越便捷，学会使用 Arcade 这样的游戏开发工具，就好像拿到了马良的神笔，而要画出什么来，则全凭你的创意。

我在这里鼓励大家思考一下，你对这个世界有什么样的独特观察，可以通过游戏的形式分享给这个世界：可以是用三棱镜折射阳光后，散发出来的独特彩虹图案；也可以是父母、同学、老师之间的复杂人际关系；或者是你在夏日午后的一个奇思妙想。

希望大家不要把时间花在前人走过无数遍的路上，不要做第一万零一个《超级马里奥》，也不要做下一个《俄罗斯方块》，做出一些独特的东西来，并且把它分享给这个世界。

附录

词汇表

Arcade 00 关

由微软 MakeCode 针对开源街机游戏提供的免费开源的图形化和文本编程环境。

GameGo 00 关

由柴火创客教育设计制造的可编程游戏掌机,支持运行使用 Arcade 编写的游戏程序。

JavaScript 03 关

通常缩写为 JS,是一种高级的、使用文本模式编程的语言。Arcade 支持编程过程中在"方块"模式和 JavaScript 模式之间切换程序。

MakeCode 00 关

微软提供的一个免费开源平台,它为 Minecraft、micro:bit、乐高 EV3 等教育硬件产品都提供了基于图形化编程的编辑器和文本编辑器。

Pong 21 关

制造商 Atari 在 1972 年生产的一款乒乓题材的简单体育游戏的游戏机。

TinkerGen 01 关

柴火创客教育的英文名称,以及柴火创客教育的网站域名用词。

《暗黑破坏神》(Diablo) 09 关

1996 年暴雪公司推出的经典动作 RPG 游戏。

比较运算 20 关

常用在对两个数字或变量进行比较,得出 true(真) 或 false(假) 的判断。

变量 03 关

变量就好比一个有名字的、可以存储数据的虚拟盒子。有了这些盒子,就可以在需要的时候,根据盒子上的名字找到需要的数据,并对盒子里的数据进行修改。

变为幽灵 13 关

Arcade 里可以设置精灵"变为幽灵",这样被设置的精灵将不会与其他精灵进行重叠检测,可以提高游戏性能。

场景 01 关

指 Arcade 编程环境里输出的游戏画面 (模拟器显示屏显示的画面)。

《沉没战舰》(Battleship) 05 关

是一种策略类型的猜谜游戏,本书介绍的是单人版网页游戏。

程序块 00 关

图形化模式下可供用户拖曳组合进行编程的块状程序。

《吃豆人》 (PAC-MAN) 08 关

是南梦宫 (Namco) 公司在 1980 年发行的街机游戏。游戏的玩法就是控制游戏的主角吃豆人吃掉藏在迷宫内所有的豆子，并且不能被幽灵抓到。

单人游戏 21 关

只有单个玩家玩的游戏。

倒计时 04 关

游戏中常用倒计时来给玩家增加时间压力。

得分 04 关

游戏中常常用来统计玩家收益的变量。

敌人 (Enemy) 08 关

游戏中会对玩家角色构成威胁或伤害的角色。

《点击英雄》 (Clicker Heroes) 04 关

是由美国独立工作室 Playsaurus 2014 年发布的一款网页版 (通过浏览器访问

即可开玩) 点击类休闲游戏。

《点杀巨人》 (TapTitans) 04 关

是一款来自开发商 Game Hive 的点击类手机游戏。

迭代 10 关 ,15 关

对游戏多次修改让其变更好的过程。

独立游戏 15 关

指游戏开发者没有游戏公司或游戏发行商提供的薪资，必须独立负担开发过程中的所有花费所做的游戏。

多人游戏 21 关

能够让多个玩家同时玩的游戏。

反弹 21 关

在游戏中通过重叠检测让运动对象改变运动方向。

方块 00 关

Arcade 用"方块"代表"图形化编程"模式。

《愤怒的小鸟》 (Angry Birds) 12 关

2009 年由 Rovio 公司发行的益智游戏，游戏以其独特

的弹射小鸟体验一举成名。

关卡设计 24 关

就是设计好场景和物品，目标和任务，提供给玩家 (游戏人物) 一个活动的舞台。

函数 17 关

执行特定任务的程序组，设置函数后，可以多次调用。

加速度 14 关

是表示速度变化快慢的物理量。

脚本过场动画 06 关

是一种非常简单的过场动画类型，通过角色之间的文本对话演绎剧情。

角色 06 关

游戏中由玩家控制的精灵或由程序控制的精灵。

精灵 02 关

Arcade 里用于创建和移动游戏对象，以及处理对象之间的重叠。

《绝地求生》 (Playerunknown's Battlegrounds) 09 关

2017 年由韩国电子游戏开发商蓝洞旗下的 PUBG 公

司开发及发行的多人战术竞技游戏。

扩展 18 关

通过添加扩展可以使用 Arcade 提供的高级功能，或添加别人分享的程序到自己的游戏里。

逻辑 20 关

指的是编程思维的规律和规则。

模拟器 00 关

本书的模拟器指 Arcade 编程环境里的模拟器，Arcade 用户可以在编程环境中即时看到程序在掌机里的运行效果，并使用模拟器的虚拟按键、键盘或手柄进行试玩。

生命值 04 关

游戏中玩家角色的命数，通常如果玩家角色生命值为 0，就会导致游戏结束。

食物 (Food) 08 关

游戏中玩家角色可以碰触获得增益的对象。

手感 07 关

玩家在游戏操控过程中对操作模式的感受。

《守望先锋》 (Overwatch) 09 关 ,12 关

2016 年暴雪娱乐发行的第一人称团队射击游戏。

数组 25 关, 26 关

是有序的元素序列。Arcade 的数组可以存储数字、字符串（单词）或精灵。

《死亡弹幕》 (Danmaku Death) 12 关

JakiganicSystems 公司 2012 年开发的子弹射击游戏，华丽的弹幕是其特色之一。

速度 14 关

表征动点在某瞬时运动快慢和运动方向的矢量。

随机 09 关

游戏中用来产生不确定输出的手段，通常使用产生指定范围的随机数来获得各种随机效果。

弹射物 (projectile) 12 关 ,13 关

Arcade 中使用弹射物 projectile 作为"子弹"，和其他精灵最大的不同是，弹射物在飞出屏幕后会被销毁，从而降低运算量，提高性能。

条件判断 20 关

一个 true(真) 或 false(假) 的程序判断，用来在程序中做一个决定。

图块地图 (Tilemap) 22 关

能让制作者使用少量的图块素材，构建出相似度很大的大地图场景或关卡。

图形化编程 00 关

由 Scatch 编程语言发展出的、使用图形化和模块化的编程方式进行程序创造的编程模式，适合编程入门教育。

玩法 03 关

玩家拿到一个游戏首先会去弄明白"这个游戏是怎么玩的"，也就是"玩法"，更书面一点的表达就是"游戏规则"。

仙剑奇侠传 06 关

由中国台湾的大宇公司于 1995 年发行的电脑版角色扮演游戏。

像素艺术 02 关

以像素或大的像素方块绘制画面的形式，是电脑最原始的图像表现方法，演变成了一

种独立的数字艺术创作风格。Arcade 也使用了像素画的风格。

《小蜜蜂》
(Galaxian) 07 关

1979 年游戏机才刚刚开始起步的时候，日本南梦宫 (Namco) 开发的一个固定射击的街机游戏。

循环 11 关

游戏中需要不断或指定次数重复执行的过程。

音效 08 关

游戏中因为玩家操作或由程序触发的声音效果。

游戏地图 22 关~24 关

在游戏中俯视视角下的游戏世界地图。

游戏开发环境 00 关

制作游戏的时候，你需要用到的软件、硬件和操作系统平台的统称。

游戏原型
(MVP) 10 关,15 关

游戏制作中的原型 (MVP) 是指游戏制作者快速搭建出的可玩版本,原型不限于形式 (纸面、视频动画、积木甚至是游戏程序)，它存在的最重要的意义就是快速实现对游戏想法的体验验证。

重叠检测 12 关, 21 关

通过程序检测游戏中两个物体是否发生接触。

逐帧动画
(Frame By Frame) 19 关

是一种常见的动画形式,其原理是在"连续的关键帧"中分解动画动作,也就是在时间轴的每帧上逐帧绘制不同的内容,使其连续播放而成的动画。

转向动画 23 关

游戏中角色向不同方向行走时出现不同方向的造型动画。

子弹 12 关,13 关

游戏中由玩家或敌对角色发射,命中目标可以造成伤害或增益的对象。

坐标 05 关

用来确定游戏中某个区域或点的位置,Arcade 使用 x 值 (水平轴) 和 y 值 (垂直轴) 构成的坐标值确定对象在屏幕上的位置。

与我联系

　　微软在不断改进 Arcade，2020 年年初，我开始为 Arcade 撰写课程时，Arcade 的代码模式还只有 JavaScript，现在已经支持 Python 了，也修改了编程界面的很多细节，并积极地解决各种问题，以至于我在交付图书稿件的时候，不得不把部分早期的截图重新制作和替换。可能读者在拿到本书的时候，界面又会有些变化。

　　最后，期望这本书能帮你迈入游戏创作的大门。如果你有任何问题，或有兴趣让这本书的知识能以其他的语言、媒介进行表达，让它惠及更多的人，都可以和我联络，我的电子邮箱是：lei.feng@seeed.cc。

第 2 印说明

　　2022 年 8 月底，清华大学出版社告诉我本书要重印，问我是否有需要修订的地方。我花了一周的时间做了详细修订，这一过程中发现有很多界面都发生了变化，过去有些较为复杂的实现方法，现在已经有了更简便的实现方法。例如第 15 课蹦床弹墙，之前要建立墙的精灵并设置重叠检测，这次修订时发现一个程序块就搞定了；之前动画需要逐帧加载素材，现在在素材里已经直接支持帧动画的类型并能预览；等等。这些变化导致此次修订涉及 40 多页修改，源程序也有部分修改，官方主页的源程序包已经更新。

　　在此特别感谢杨雨婷，她将本书所有程序在当前的 Arcade 环境下进行了验证，并提出了细致和详细的修改意见，让此次修订得以顺利进行。

考题答案

考题号	答案
灰袍魔法师考题 0-1	C
灰袍魔法师考题 0-2	B
灰袍魔法师考题 0-3	A
灰袍魔法师考题 1-1	C
灰袍魔法师考题 2-1	B
灰袍魔法师考题 2-2	C
灰袍魔法师考题 2-3	D
灰袍魔法师考题 3-1	A, D
灰袍魔法师考题 3-2	B, D
灰袍魔法师考题 3-3	B
灰袍魔法师考题 4-1	A, C, D
灰袍魔法师考题 5-1	B
灰袍魔法师考题 6-1	D
灰袍魔法师考题 7-1	B, C
灰袍魔法师考题 8-1	A, B, C, D
灰袍魔法师考题 9-1	D
灰袍魔法师考题 10-1	A, B
灰袍魔法师考题 11-1	A
灰袍魔法师考题 12-1	B
灰袍魔法师考题 13-1	B
灰袍魔法师考题 14-1	D
白袍魔法师考题 17-1	A, C
白袍魔法师考题 18-1	A
白袍魔法师考题 19-1	B, D
白袍魔法师考题 20-1	A, C, D
白袍魔法师考题 22-1	A, B, C
白袍魔法师考题 25-1	A, C